让孩子学会自我保护

张海清◎编著

民主与建设出版社
·北京·

© 民主与建设出版社，2022

图书在版编目（CIP）数据

让孩子学会自我保护 / 张海清编著 . — 北京：民
主与建设出版社，2022.11
　　ISBN 978-7-5139-4021-4

　　Ⅰ . ①让… Ⅱ . ①张… Ⅲ . ①安全教育 – 少儿读物
Ⅳ . ① X956-49

中国版本图书馆 CIP 数据核字（2022）第 212764 号

让孩子学会自我保护

RANG HAIZI XUEHUI ZIWO BAOHU

编　　著	张海清
责任编辑	刘树民
封面设计	乔景香
出版发行	民主与建设出版社有限责任公司
电　　话	（010）59417747　59419778
社　　址	北京市海淀区西三环中路 10 号望海楼 E 座 7 层
邮　　编	100142
印　　刷	三河市京兰印务有限公司
版　　次	2022 年 11 月第 1 版
印　　次	2022 年 11 月第 1 次印刷
开　　本	700 毫米 ×1000 毫米　　1/16
印　　张	12
字　　数	152 千字
书　　号	ISBN 978-7-5139-4021-4
定　　价	59.80 元

注：如有印、装质量问题，请与出版社联系。

目 录

目 录

目 录

Part 1

让孩子正确认识自己

孩子要有爱自己的能力

孩子带给我们的美好，大多源于他们内心的单纯和善良。我们不断地探索和学习教育孩子的正确方法，是希望能培养出三观正、品行好的有为之才。

基于人们的普遍认知，我们家长要求孩子从小学会先人后己，要求他们长大后，成为乐于分享、关心他人以及对社会有贡献的人。甚至两三岁的孩子就会被人们灌输"孔融让梨"的道理，并经常被迫学会分享。尽管孩子并不能完全理解其中的意义，但为了得到大人的称赞，不得不去做那些勉为其难的事情。

相反，我们做父母的却不一定能做到先人后己和分享。比如，孩子有时候想用妈妈的口红当颜料画画，或者把床单披在身上模仿大侠，或者在爸爸的电脑上敲打，模仿大人工作时的样子，等等。当这些事情发生时，我们就会以各种各样的理由让孩子明白这样不可以。渐渐地，在孩子们的认知里就只有一点是毋庸置疑的——小孩要听大人的话。

孩子不得不听从大人的教导，渐渐地形成了和大人同样的言行模式。他们尽管觉得大人的教导充满了矛盾，但依然得照做。因为他们如果不那样做，就会被贴上"自私""利己主义""搞特殊"之类的标签。这些标签会给孩子造成很大的困扰，对孩子的心理发展十分不利。如果大人不加以改变，孩子的生活就可能处于无尽的黑暗中。

家长经常担心自己的孩子变成自私、虚荣、冷漠的人。其实，父母是孩子的第一任老师，是孩子最直观的镜子，却总是在不知不觉中给孩子做了错误的示范。

久而久之，孩子便不知道该怎样判断一件事情的对错了。他们每做一件事就会犹豫，按照那所谓的"统一标准"去衡量每件事。如果自己的标准和统一标准一致，他们便会心安理得地去做；如果自己的标准和统一标准不一致，他们便会陷入自我怀疑甚至自我否定的情绪里。

小雨是个善良友爱的小女孩，从小就懂事、贴心，经常得到老师和长辈的称赞。每次我出门碰到她时，她都很有礼貌地向我打招呼。

一天晚上，我忽然听到楼上传来小雨和妈妈的争吵声。争吵声过后没多久，我就听到了敲门声。打开门，门外站着一脸无奈的小雨妈妈。

小雨妈妈进门就开始诉苦，说了一些"越长大越不听话了""学习学傻了""过度的善良就是迂腐"之类的话。听她讲完我便明白了，她是觉得小雨太善良了，善良得有点儿愚钝。

小雨是个爱帮助别人的孩子，但她不懂拒绝别人的无理要求，只会一味地委屈自己。比如，有同学放着自己的颜料笔不用而借走小雨的，导致小雨没有笔用；有同学觉得小雨的橡皮好看，就跟小雨换；有同学索要小雨喜欢的东西，小雨即使不情愿也会给同学……

为此，小雨妈妈很苦恼，她希望自己的女儿是个有爱心的人，但并不希望女儿总是委屈自己。但小雨已经形成了这样的交友方式，除此之外，她不知道如何与人相处，她怕失去朋友不敢对别人说

"不"。

我经过深入的了解，发现小雨妈妈跟很多家长一样，从小便要求小雨与他人分享。

小雨玩着自己的玩具，别的小朋友也想玩时，小雨妈妈就会对小雨说："给别的小朋友玩一下。"

有小朋友来小雨家做客时，小雨妈妈总是要求小雨把最大的苹果、最好的东西让给别人；如果有人喜欢小雨的玩具，小雨妈妈从不跟小雨商量，直接把玩具送给别人……

渐渐地，小雨变成了一个只会委屈自己的孩子。

像小雨这样的情况并不是个例，我们家长在教导孩子学习美德的时候，总是忽略孩子自身，忽略孩子的感受。

爱别人的前提是爱自己，孩子守护自己的东西，并不代表他们就是自私的，因为他人的欲望无论如何都不应该由我们的孩子来满足。如果一个人不会爱自己，就算他获得再多的称赞和荣誉，内心都不会感到快乐。

那么，我们家长应该如何让孩子学会爱自己，培养他们爱自己的能力呢？

1.父母是孩子的第一任老师，我们的言行举止，孩子都看在眼里，记在心里。因此，日常生活中，我们要时刻注意自己的言行，提高自身的道德修养，做一个热心、善良的人。

不要生硬地告诉孩子该怎么去做，也不要长篇大论地说教，有时候摆事实和讲道理只能让孩子产生逆反心理。孩子是我们的影子，我们身子正，"影子"才不会斜。

2.让孩子学会表达爱。孩子只有学会表达爱，才能爱自己，爱他人。

父母对孩子的爱是毋庸置疑的，但是很多父母不善于表达爱。在不会表达爱的家庭里成长的孩子，往往会自卑、没有安全感、内向、胆小、悲观、消极。

父母不要羞于表达爱，要试着从自身做起，多给孩子一些拥抱，多向孩子投去一些欣赏的眼神，多说一些爱他们的话，每天睡前给孩子一个晚安吻……爱的能力不是孩子与生俱来的，是需要孩子先从别人那里获得，然后才慢慢拥有的。

孩子体验到来自父母的这些爱，潜移默化地就有了爱的能力。自身拥有了爱的能力，才能把爱传递给他人。

3.不要随便改变孩子的个性，更不要控制孩子。

每个孩子都是独一无二的，他们带着最纯真的性情来到我们身边。面对这个未知的世界，孩子有很多事情需要我们家长往更好的方向引导。我们应当教育孩子，不要为了讨好别人而委屈自己。

真正的友谊是互帮互助、团结友爱，不是靠一个人的付出而获得的。对不公平的、自己不情愿的要求要勇敢地拒绝。要让孩子明白，他是独一无二的。孩子不必做到让所有的人都喜欢，但一定要活成自己喜欢的样子。

4.每个孩子在得到大人称赞的时候都会很开心，很有成就感，所以家长不要吝啬对孩子的表扬，即使孩子只是做了件微不足道的事。比如，孩子在路上把垃圾捡起来扔进垃圾桶，搀扶老年人过马路等。对于这些小事，我们都要及时地给予孩子有针对性的表扬，让他们感受到帮助别人的快乐，从而更加愿意付出自己的爱心。

我们要帮助孩子辨别，不是所有的人都需要帮助。像例子中的小雨委屈自己的付出，我们是不提倡的。

5.我们要善于发现孩子的优点，鼓励孩子，让孩子不断地发挥自己的优点。

中国式家长最典型的特点就是总喜欢"别人家的孩子"。总是被否定、被比较的孩子很容易形成自卑的性格，自卑的孩子就容易形成讨好型交友的性格。所以，我们家长要多观察自己的孩子，寻找孩子身上的闪光点，不要因为他们的优点不明显便不给予鼓励，也不要因为一点小事便嘲笑他们。让孩子学会尊重自己、尊重他人的前提是我们要先尊重孩子。

6. 让孩子学会了解自己，接纳自己。

让孩子不断地了解自己，认清自己的优缺点。随着年龄的增长，孩子对事物的认知会更深刻。

孩子学会了接纳真实的自己，才有勇气向别人展示这样的自己。孩子学会了接纳自己，就会变得从容平和，也更能理解和接纳别人，生活中就会被更多的爱包围。

培养孩子爱自己的能力，宗旨就是让孩子明白做任何事情都应该注意不要伤害自己，不能违背自己的意愿。告诉孩子：如果有人不太喜欢你，你也要勇敢地坚持做自己。

我们不是完美的，但我们是唯一的。我们要学会爱自己，勇敢做自己，相信自己是最棒的，才能活出精彩的自己。

让孩子学会尊重生命

地球这个"大家庭"是由无数个大大小小的生命组成的，每一个孩子从呱呱坠地开始就要学习如何融入这个大家庭。

人类并不是独立存在的，自然界中还有很多其他物种。很多动物拥有人类所没有的能力，寿命比人类还要长，甚至起源比人类要早很多，有许多动物从恐龙时期起就存在于世了。所以，我们在面对这些不同的生命时，应该心存敬畏。

生活中，我们总会看到一些调皮的孩子玩弄动植物。他们有的随意采摘花花草草，拿在手里把玩一会儿就丢到一边；有的朝着蚂蚁群尿尿，看着它们被淹的样子哈哈大笑；有的拔掉蜗牛背上的壳，看它们没有"家"的样子；有的收集小蚯蚓，弄断它们，看它们断了之后还能不能活……

我们要告诉自己的孩子，善待身边的每一个生命，不管是一个人、一朵花还是一只蚂蚁，任何一个生命都应该被尊重。

记得有一次我在小区里遛弯儿，看到一个孩子对一只小狗又打又踢，站在一边的父母不仅不制止，还称赞自己的孩子"厉害""天不怕地不怕"。

这是什么样的家庭教育？我真为那个孩子感到悲哀。他生活在这样的家庭氛围里，能学会热爱生命、尊重生命吗？同样，我也为那样的父母感到忧虑，这种方式培养出来的孩子，会尊重父母吗？

"人之初，性本善"，每一个孩子生来都是单纯善良的。但为什么有的孩子喜欢花草、喜欢小动物，有的孩子却肆意地践踏花草、伤害小动物？其实，孩子是没有明确的是非善恶观念的，他们只是认为那样做有趣。这就需要我们家长正确引导孩子。

我们要让孩子明白什么是生命，生命的意义是什么。我们要让孩子知道生命的可贵，懂得自然界的一草一木皆是有生命、有情感的，明白自然的重要性。孩子只有学会珍惜大自然的一草一木，才能理解生命的含义，从而尊重生命。

我们家每到周末就会带着孩子齐齐去郊游，每次去河边玩的时候，都会看到很多家长和孩子在拿着捕鱼网捕鱼。

齐齐看到别的小朋友收获颇丰，也会吵着让爸爸帮她抓几条小鱼。看着鱼儿在水里欢快地游来游去，齐齐又兴奋又着急，拿着饮料瓶在一旁一个劲儿地问："爸爸，逮到没有，逮到没有？"

过了一会儿，齐齐就收获了几条小鱼。看着她高兴的样子，我实在不忍心打断。

齐齐欣赏了一会儿小鱼，对我说："妈妈，为什么小鱼都不动了？它们没有在河里的时候欢快了呢。"

这时，我知道时机到了，便对她说："如果让你离开自己的家，离开自己的妈妈，去一个新的环境里生活，你愿意吗？"

齐齐说："当然不愿意。"我说："对呀，可是现在对于小鱼来说，它们就生活在陌生的环境里，离开了自己的家，当然不会开心了。而且，河里那么大，它们可以随意地游玩。在这个饮料瓶里，它们觉得一点儿意思都没有，你说它们能欢快吗？"

齐齐明白了我的意思，主动把小鱼都放回河里了。我和齐齐爸爸相视一笑。

每个小生命都是独立的，都是有情感的。我们要告诉孩子，喜欢它们并不代表就要得到它们，更不代表能去控制它们。我们必须先学会尊重。就算是很小的一条鱼，我们也要重视。只有这样，孩子才能从我们身上学到如何尊重生命。

那么，我们应该怎样引导孩子学会尊重生命呢？

1. 有的孩子对自然的了解只停留在花草树木上，存在片面性。

我们要让孩子知道，自然界中有很多生命，这些生命是共生关系。

日常生活中，我们可以陪孩子一起观看一些关于自然、关于生命的纪录片，让孩子多参加一些学校或者社会群体组织的与自然有关的活动。从而让孩子多方面地了解自然，了解自然界的伟大，也让孩子自己感悟生命的意义。

2. 我们有时间的时候要多带孩子投入大自然的怀抱中，让孩子真真切切地感受大自然，带领孩子寻找大自然的奥妙，引导孩子热爱身边的一草一木。我们要从小事开始，慢慢引导，孩子的思维里自然而然地就有了对生命的认知。

3. 每个人的生命都是独一无二的，都是有价值的，都是父母赐予的最宝贵的财富。所以，我们要让孩子学会爱护自己的生命，明白生命的脆弱，不管遇到什么危险都不要轻易地放弃自己的生命，面对不完美的生命也要学会接纳。珍惜自己生命的同时，也要让孩子学会尊重他人的生命，不去伤害别人。在别人的生命受到伤害时，要勇敢地帮助别人。要从小事开始做起，比如，不嘲笑、不欺负弱小；不故意模仿身体有残疾的人；不随意拿别人的缺点开玩笑……总之，勿以恶小而为之。

4. 我们应该告诉孩子，对于别人给予我们的帮助，哪怕是很微小的，我们都要心存感恩。

没有阳光就没有温暖和光明，没有水就没有生命。我们要感恩我们赖以生存的大自然，感恩父母给我们生命，感恩学校给我们创造学习的环境，感恩社会给我们生存的舞台……感恩要从生活中的点点滴滴做起，在别人需要帮助的时候伸出援助之手，对于每一位帮助过我们的人也要真诚地说一句"谢谢"。

珍惜每一位对我们好的人，多关心他人，为他人着想。不只是身边的人，就连路边的花草虫鸟，都值得我们感激。

5. 多与孩子进行心灵沟通，一定要摒弃粗暴的教育方式，不要漠视或轻视孩子的内心想法和感受。

孩子向我们表达自己的时候，我们要认真倾听；孩子向我们寻求帮助的时候，我们要积极地想办法帮忙；孩子对一件事情存在疑惑的时候，我们要做出正确的引导。

我们是孩子人生道路上的第一个引路牌，我们想要让孩子成长为什么样的人，就要把他们往那个方向引导。

"赠人玫瑰，手留余香。"我们要让孩子明白，我们是怎样对待别人的，别人就会以同样的方式回报我们。即使有些时候，我们的付出没有得到回报，也不要气馁。

我们应该善待身边的每一个生命。一个懂得爱惜生命的孩子，不会轻易地伤害自己，也不会轻易地伤害别人的身体和心灵。作为父母的我们要以身作则，尊重身边的一切，将来孩子才能学会尊重每一个人，尊重每一个生命。

保持心理健康很重要

我们有了孩子之后，最大的愿望是希望孩子能健康成长。但是很多家长只重视孩子的身体健康，认为吃饱喝足不生病就是健康。

事实上，孩子在成长的漫长道路上，只有身体健康是不够的，我们还要重视孩子的心理健康。

我们的孩子现在正处于生理和心理逐步发展的阶段，如果这个时候没有得到足够的重视和正确的引导，就可能会出现一些心理问题。比如，厌学、爱说谎、沉默寡言、任性、承受力差、抗压能力差、以自我为中心，严重的还会出现焦虑、抑郁等一系列严重到难以想象的后果。

一个心理不健康的人，生活中往往冷漠、悲观、消极，遇到事情的时候只能看到事情的最坏处，感受不到生活中的美好，心情长期处于沮丧、低落的状态。这不利于他们在学习与生活中取得进步。

长此以往，他们便无法从生活中获取积极向上的动力，这就形成了一个恶性循环。如果我们不能及时地把孩子从这个恶性循环中拉出来，后果会十分严重。

孩子在学校里受到老师的批评时，如果我们能够给予很好的宽慰和鼓励，那么他就可以用乐观的态度来面对这件事；孩子跟好朋友发生矛盾时，如果我们能够积极地分析并引导，那么他就可以很好地解决这件事。孩子跟我们一样，遇到事情时也需要交流和宣泄。但是很多父母往往忽视了这一点，认为孩子在我们的庇护下应该是无忧无虑的。

其实不然，试想一下：孩子刚刚放学，父母就催促他赶紧写作业；父母给孩子报各种各样的业余班，把孩子的空余时间全部占据；孩子刚要向父母倾诉，父母就不耐烦地说"没空"；孩子遇到事情时，父母只说一句"多大点儿事"；孩子想跟我们交流思想，我们却只说一句"别想那些没用的，先好好学习吧"……孩子的情感交流长期处于这种饥渴状态，想不出现心理问题都难。

小雷是班里出了名的"刺儿头"，同学们几乎没人愿意和他一起玩。每天上课时，他就发呆或者睡觉。同学们如果稍有不注意，触犯到了他，就会引起争吵甚至打架。他学习成绩差，回到家里总是关上门，一个人待在屋子里。

我经过了解得知，小雷的爸爸经常出差，跟小雷接触的时间不多，每次回到家看到小雷吊儿郎当的样子就是一味地打骂。而小雷的妈妈则因为害怕小雷发脾气就一味地退让。小雷的老师也教育过他多次，但都没有什么作用。为此，父母和老师都头疼不已。

根据小雷的状况，我们采取了一些方法，让小雷的父母认识到心理健康的重要性。我们还让小雷的父母耐心地找到小雷的优点，多鼓励他，多称赞他，多制造机会和小雷聊天。

在学校里，我们让老师们多给小雷一些表现的机会，让他当班长，增加他的责任感，让他发挥自己的威信；多表扬他，让他有荣誉感，从而激发他的上进心。

半年过去了，小雷在班级里有了一些朋友，成绩也有了一些进步，跟老师的关系也变好了。他成了老师和同学之间沟通的桥梁，回到家里也不再关上门独处。在他家的饭桌上，也时常能听到谈笑声了。

拥有健康的心理，可以让孩子充分感受生活中的美好。而感受到这些美好，能让他们心情愉悦，遇到事情时能够学会自我调节，从而更好地适应周边环境，得到全方位发展。

我们的教育方式是影响孩子心理健康的重要因素。很多父母对孩子寄予厚望，要求过高，这样就容易造成苛刻教育。孩子稍有不听话，父母就不分场合地训斥甚至殴打他们。

在这种高压环境下成长起来的孩子最容易形成孤僻、自卑、逆反的心理。还有一些父母要求极低，对孩子过度宠爱、纵容，对孩子有求必应。在这种环境下成长起来的孩子容易形成自私自利、嚣张跋扈、懒惰依赖的心理。

这两种极端的教育方式，都会严重阻碍孩子心理的健康发展。另外，家庭成员关系是否和谐也直接影响着孩子的心理健康，破裂的家庭会给孩子造成不可估量的心理创伤。

孩子们正处于成长阶段，自我意识薄弱，自我分析和判断能力远远不够。他们独立性不够，依赖性偏强，自控能力差，模仿能力强，经不起外界的诱惑，抗打击能力差。因此，我们一定要重视起来，加强对孩子的心理健康教育。

那么，我们应该如何让孩子保持心理健康呢？

1. 做"完美"的家长。

我们一定要对孩子多一些耐心，让孩子在面对我们的时候感觉身心轻松，能做到有烦恼愿意和父母交流，有困难第一个想到寻求父母的帮助。

当孩子向我们表达内心想法的时候，不管他们的想法幼稚与否，我们都要认真地倾听，真诚地与孩子交流。日常生活中，家长不要抱怨，要少唠叨、少责备。

2. 帮助孩子培养良好的习惯。

我们身边总有这样的人，他经常说"我要减肥"，但总是看不到他身材的变化。其实他也坚持过，但总是半途而废。

我们的很多习惯是从小养成的，这些习惯伴随了我们许多年，想要改变自然不容易。孩子年龄越小，好习惯越容易养成。所以，我们要抓住习惯养成的最佳时期，尽早地培养孩子的良好习惯。我们要从生活中的一点一滴做起，发挥孩子爱模仿的优势，对他们严格要求，多加观察，及时纠正。

3. 多帮孩子培养一些兴趣爱好，不要一味地让孩子死读书。

我们可以多给孩子一些时间让他们探索自己到底爱好什么，但要避免把自己的兴趣爱好强加给孩子，那样只会适得其反。我们可以利用空闲时间和孩子一起看书、画画、做家务、修理家里的小物品，还可以一起出去逛商店、去公园散步。借此，我们可以洞察孩子的内心世界，帮助其发现自己的爱好，并有意识地往那个方向引导，帮助孩子培养自己的兴趣爱好并督促其坚持下去。兴趣爱好可以帮助孩子在遇到困扰时适度地调节情绪。

4. 孩子需要情感交流，同样也需要情绪宣泄。

我们可以让孩子借助体育锻炼来发泄自己的内心情绪。我们可以和孩子一起锻炼来增加亲子时间，还可以选择比赛的方式来激发孩子的兴趣。

切记，不要像监工一样盯着孩子。孩子的精力普遍比较旺盛，当他们遇到烦恼、压力时，通过运动出汗的方式，可以让他们的心情得到放松。他们即便在生活中会有消极的情绪，也不会长期处于这种悲观的状态中。

5. 随着年龄的增长，孩子生活的重心逐步从家庭转移到学校。

这时，我们可以帮助孩子多结交一些益友。有相同爱好和性格相似的孩子在一起更容易交流，对于一些问题的看法也更容易产生共鸣。但我们一定要叮嘱孩子，让他们不要交损友、佞友。

我们尽量多帮助孩子创造一些与同龄人接触的机会，比如，可以让他们跟亲戚中同年龄段的兄弟姊妹多多接触。

6. 当孩子感到压力大时，可以允许孩子偶尔放纵一下。

其实，只要在不破坏自己的底线、不影响他人的前提下，偶尔放纵一下也是一种很好的减压方式。所以，在孩子情绪低落的时候，我们可以适当地让孩子放纵一下。

我们可以陪孩子吃一些平时不允许他们吃的垃圾食品，玩一下平时不让他们玩的刺激性游乐设施。我们要保持童心，培养一些幽默感，只有这样才更利于和孩子相处。

我们在提升孩子成绩的同时，一定要多关注和重视孩子的心理健康问题，帮助他们消除一些不必要的困扰和压力，让孩子真切地感受到来自家人的关心和重视。

让孩子学会接纳和取悦自己

世界上的每一个人都有自己独特的性格和特点。有的人文静，有的人活泼；有的人坚强果敢，历经挫折而不服输，有的人则犹犹豫豫，稍有不顺便一蹶不振；有的人淡定从容，遇到任何事情都能轻松化解，有的人则心急火燎，遇到一点儿小事就沉不住气；有的人过于自卑，只能看到自己的缺点，觉得自己一无是处，有的人过于自大，只看到自己的优点，认为自己无所不能。

作为家长，我们要帮助孩子正确地认识自己，正确地看待自己的优缺点，从而帮助他们找到适合自己的位置。

世界上没有完美的性格，也没有哪一种性格更占优势。任何事情都有其相对性，只要找准定位，每一种性格都有成功的可能。

一个大大咧咧、热情活泼的人可能无法成为一名医生，却可以成为出色的幼师；一个沉默寡言、慢条斯理的人可能无法成为一名销售员，却可以专心地研究某个科学问题；一个喜好安静的人可能无法成为一名冒险家，却可以成为有名的作家……

我们要让孩子明白，每个人都有优缺点，世界上没有十全十美的人。我们要认清自己，然后接纳自己的优缺点，正确地管理自己，成为更优秀的人。

很多人的烦恼都来源于不能接纳自己。我常听到有的孩子说自己"个子矮""皮肤黑""性格不好"……他们为此而感到自卑。我们作为家长，要正确引导，要让孩子知道"即便如此，爸爸妈妈依然爱你，我们依然可以活出精彩的人生"。另外，当孩子长期处于自卑的状态时，我们一定要及时地帮孩子找到自己的优点，从而让孩子肯定自己，愉快地接纳自己。

　　小水身材矮小，比多数同龄人要矮上一头。为此她很苦恼，平时很少与同学互动，也不愿参加任何体育活动。同学们一句不经意的话语或者一个小小的举动，都能触动小水敏感的神经。小水也变得越来越自卑。

　　同样，身材矮小的妈妈发现了小水的问题，便找机会跟小水认真沟通了一次。

　　妈妈问："你觉得妈妈好吗？"小水说："妈妈特别好呀。妈妈是我最爱的人。"

　　妈妈说："可是我那么矮，你会不会觉得自己的妈妈不如别人的妈妈？"

　　小水说："怎么会呢？妈妈又会照顾我，又会收拾家务，又会写毛笔字，又会画那么好看的画。妈妈是最棒的了！"

　　妈妈笑着说："是呀，我们虽然有缺点，但也有别人没有的优点。每个人都有优缺点，我们要学会接纳自己。"

　　从那之后，小水好像变了一个人。她刻苦学习，积极参加体育活动，成绩提高得很快。她变得乐于助人、活泼开朗，很多同学愿意请她帮助解答问题，愿意和她一起玩。大家都觉得小水充满朝气与活力。

小水接纳了自己先天的不足，然后充分发挥了自己的优点，最后成为大家喜欢的人。这说明，先要学会接纳自己，别人才有机会接纳你。

学会接纳自己，才能更好地取悦自己。

扪心自问，你是否也十分在意他人的看法？你是否总是会因为别人一句无心的话语，而躲起来偷偷哭泣？你是否会因为别人对自己的评价，而耿耿于怀不能忘却？你是否会因为自己不小心说错了话，而一直懊恼自责？其实，你大可不必这样。与其在意别人的看法，不如学会取悦自己。

为了培养孩子的爱心，我们总是让孩子学着无理由去谦让。但如果让孩子长期违背自己的意愿去谦让，他就会变得自卑，形成讨好型人格。孩子内心不满的情绪无法表达，就会变得抑郁、焦躁。所以，对于属于孩子的东西，我们不必强行插手；对于不属于孩子的东西，任由他撒泼打滚地想要得到，我们也不能惯着孩子。

在让孩子学会适当谦让的同时，我们也要教育孩子学会取悦自己。一个懂得取悦自己的孩子，才懂得争取，在生活中才能更有方向性和目标性。孩子知道自己想要什么，然后积极地去争取，他的行动力才更强，做事情才更容易成功。

那么，我们应该如何让孩子学会接纳和取悦自己呢？

1. 正确认识接纳自己和取悦自己。

接纳自己是指孩子接纳自己不同时期的特点以及自身先天的不足。

我们经常把接纳和纵容混为一谈，认为接纳就是接纳孩子的全部，包括孩子犯错误、影响别人的行为。其实不然，没有原则的接纳就是放纵，其后果不堪设想。

同样地，取悦也是有原则的，为了调整自己的心态而有意识地做一些让自己开心的事情，但要以不妨碍他人、不损害他人利益为前提。

2. 帮孩子树立自信心。

遇到事情时，不论孩子的判断是对还是错，我们应该先给予支持，帮孩子树立自信心。如果总是取悦他人，不相信自己的选择，孩子很容易变得自卑。孩子如果身体有缺陷，那么自卑也改变不了什么，倒不如自己加倍努力，发挥其他方面的优势。

有了优势就有了自信，有了自信，整个人的气场就会变得强大，从而更加优秀。这是一个良性循环。

3. 帮助孩子发泄情绪。

当孩子遇到烦恼、压力时，我们应该鼓励孩子适当地发泄情绪，帮助孩子寻找发泄情绪的方式。

我们要告诉孩子，只要不影响别人，他想笑就笑，想哭就哭。他心情不好的时候，可以一个人静静地发呆，什么都不想；也可以看看书，画幅画；我们还可以陪着孩子一起漫无目的地闲逛，看看风景，让孩子给自己的心灵放个假。

短暂的停歇并不是停滞不前，孩子稍事休息后，才有力气继续接下来的人生。

4. 让孩子学会放下过去。

人生只能不断地向前看，但很多人总是沉迷于过去。很多孩子因为一次两次成绩不理想，就一直耿耿于怀，甚至一蹶不振。我们应该教育孩子，要学会放下，不能把时间一直用在惋惜过去上面，而应该总结经验，让自己在面对失败时能越挫越勇。要让孩子明白，人生有那么多美好的事情等着我们去做。

想一下，有那么多好书还没有看，有那么多美景还没有欣赏，有那么多喜欢的电视、电影还没有看，我们哪有时间感伤过去，一直记着那些让我们讨厌的人和事？不要把宝贵的时间浪费在这些人和事上。

5.培养孩子的独立性。

我们一定要学会放手，让孩子独立完成自己的事情。不要害怕危险，也不要害怕孩子做错，要相信孩子自身的能力。

在日常生活中，我们还可以多给孩子制造一些锻炼独立性的机会。比如，让孩子独自去买东西，让孩子去邻居家借东西、还东西等。我们还可以从中设置一些障碍，让孩子学会思考问题，想出解决的办法，让孩子多体验一下独立完成某件事后的成就感。

当然，让孩子独立并不代表放任不管，当孩子做有危险的事情时，我们一定要及时制止，并告诉他们这样做的不良后果，这样他们才不会产生抵触情绪。

人的一生就是不断接纳的过程，接纳新同学，接纳新环境，接纳新生活，接纳离别……而这一切的基础，是要先接纳自己。

学会接纳自己才能更好地取悦自己，学会取悦自己才能让自己一直保持积极乐观的心态，才能勇敢坚强地面对人生道路上的一切未知。

懂得接纳和取悦自己的孩子，我们才敢放手让他们自由地飞翔。因为我们知道，不管遇到什么人或事，他们都懂得如何保护自己不受伤害，也懂得掌握分寸，不伤害他人。

让孩子明白他不需要完美

在竞争日益激烈的当今社会，我们都想让孩子在成绩、品德、身体素质、兴趣爱好等方面得到全方位发展，都希望孩子在学业上能取得好的成绩，将来在工作上能做得出色。

这种期盼在无形中影响着孩子，让孩子做什么事都想追求完美。这本质上是一种好现象，但正因为如此，很多孩子从小就背上了追求完美的压力。

追求完美的孩子，如果心态积极，就可以把这份压力转化为动力，形成一种良性循环。但生活中，很多追求完美的孩子往往会走极端。有的孩子过于追求完美，给自己和他人都制订高标准。这样的孩子会让周围的人感到压抑，对自己的人际交往十分不利。还有的孩子承受能力差，在追求完美的道路上不允许自己失败。他们一旦失败，就会自暴自弃，让自己长期处于消极低沉的状态里。

追求完美，是我们家长最容易出现的问题。这种问题大多是因为我们的攀比心理在作怪。比如，我们看到别人家的孩子有才艺，就不顾自己孩子的喜好，为孩子报各种各样的才艺班，并要求孩子在此才艺上能坚持不懈，将来有所建树。

在我们潜移默化的影响下，很多孩子为了追求完美，为自己制定难以实现的目标。殊不知，他们如果一味地追求目标而不顾及自身的实际情况，会给他们的身心带来一定的伤害。如果他们总是不能容忍自己的不完美，过分在意自己的不完美。久而久之，他们的心理健康就会受到影响，就会变得不自信、不勇敢，情绪消极。

青少年过于追求完美，会让自己长期处于不满意的状态。比如，对自己的外貌、身材不满意，对自己的家境不满意，对自己的吃喝、穿着不满意，对自己的性格特点不满意……

这些不满意往往不能被孩子转化为动力，只会让孩子情绪低迷，陷入理想的完美主义里，不肯接受现实中平凡的自己，无法对自己有一个清晰的认知。所以，我们要让孩子明白，人无完人，每个人都有优缺点。

一个人应该学会接纳自己的不足并肯定自己的长处，不自以为是也不自暴自弃。我们并不需要完美，我们只需要找到自己的长处，接受并改进自己的短处。

文迪是某重点中学的三好学生，她学习好、品行好、相貌好，是同学们羡慕的对象，也是老师的心头肉、掌中宝。

文迪是个追求完美的孩子，处处严格要求自己。生活中，她每天早上要按时起床，晚上要按时睡觉，起床后要把床铺整理好，衣服鞋子要穿戴整齐，写完作业后书桌要整理干净，自己的卧室每天要保持整洁；学习中，她每天要完成复习和预习，每次考试要达到理想的分数。这些都是文迪对自己的要求。

她知道自己是令很多人羡慕的佼佼者，但仍然给自己制定各种各样的目标，让自己力求完美。

前段时间，文迪总是闷闷不乐，因为她觉得自己不会唱歌，不会跳舞，运动方面也不出色。别的同学都会一些才艺，她却什么都不会。每次学校举办文艺晚会或者开运动会的时候，她都只能羡慕别人，而不能展示自己。为此，她让妈妈帮自己报了一个舞蹈班，力求让自己在才艺上取得一些成绩。

文迪很认真地学习舞蹈，每天都会抽出一定的时间练习。或许是她的身体协调能力不足，又或许是她过于心急，文迪跳舞的时候总是跟不上节奏，姿势也不标准。学来学去，不但没有丝毫的进步，反而连基本功都练不好。文迪慢慢对自己失望了，心情越来越差。一个学期下来，她不但舞蹈没学会，成绩也下降了许多。

这天晚饭后，妈妈叫上文迪一起去散步，她们边走边聊天。

妈妈说："虽然你这次没有考好，但是妈妈相信，一次的失误并不代表什么。你下次肯定会追上来的，对吧？"文迪认真地点点头。

妈妈说："其实，妈妈特别放心你，尤其是成绩这方面，所以在知道你的成绩下降时并没有说什么或者问什么。但是，妈妈有一点儿很不放心，就是你这段时间情绪很低落。你可以告诉妈妈为什么吗？"

文迪并没有回答妈妈的问题，反而向妈妈提出了一个问题："妈妈，你觉得我是个完美的孩子吗？"妈妈说："当然啦，你又懂事又乖巧，学习又好，在妈妈心中你就是最完美的孩子。"文迪说："可是我觉得自己不完美。我唱歌很难听，跳舞也很丑。我只会死读书。"

妈妈有点儿诧异地说："怎么会呢？你看你能把自己的房间整理得那么整洁，每科成绩都是优，懂得关心爸爸妈妈，在外面也很有礼貌，对待朋友热情真诚，看到需要帮助的人就会积极去帮忙，妈妈觉得你很棒啊。"

文迪说:"可是我依然不是完美的呀!"妈妈笑了笑,继续对她说:"没有人是完美的,再优秀的人也会有短处。就像别人羡慕你成绩好,而你却羡慕别人有才艺,这不就是各有所长嘛。我们没必要追求完美,只要认清自己,立足于自身的长处,不盲目地设定不符合自己的目标,然后发挥自己的优势就好啦。"

文迪有点儿明白了,对妈妈说:"我这段时间成绩下降,一是因为心思不在学习上,二是因为跳舞耽误了很多时间。要不然我放弃跳舞吧,可是,这样的我是不是太容易说放弃了?"

妈妈笑了,说:"那妈妈问你,你喜欢舞蹈吗?"文迪说:"并不喜欢。"妈妈说:"那妈妈不认为你是半途而废的人。相反,你做这样的决定妈妈很支持,妈妈觉得你是明智的。与其在跳舞方面白白浪费时间,不如把时间拿出来做自己喜欢的事情。"

文迪忽然想开了,心情顿时舒畅了很多,笑着告诉妈妈:"妈妈,您放心吧,我明白了。没必要那么追求完美,我只管做好自己喜欢的、该做的就行,对吧?"妈妈笑着点点头。

我们要让孩子明白他不需要完美,不要盲目地为自己制定难以完成的目标。同样,我们家长也不要对孩子有过高、过多的要求。

我们和孩子都应该树立正确的认知观念,让孩子在学习和生活的道路上,处于顺境的时候能不骄不躁,多检查不足的地方以便再接再厉;处于逆境的时候也不自暴自弃,多观察自身的优势以便提高自信和勇气。我们要让孩子懂得人无完人的道理,对自己有正确的认知,从而规划出更适合自己的发展方向。

那么,我们应该如何让孩子正确地认识自己,不过分追求完美呢?

1. 让孩子学会接纳并不完美的自己。

人无完人，每个人都有先天或后天的缺点。

有的人个头不高，却十分苗条；有的人个头虽高，却肥胖壮硕；有的人成绩优异，却不善交际；有的人乐观开朗，却成绩平平……我们无法决定自己的长相、家庭等先天条件，但我们要学会接纳不完美的自己，寻找自身的优点，保持自己的本色，用积极的心态面对生活中的一切。

2. 发现孩子的闪光点，帮助孩子树立信心。

每个人都隐藏着巨大的潜力，只要相信自己，发掘出自己的潜力，就一定会取得某方面的成功。

我们要学会观察孩子，发现孩子身上的缺点和闪光点。对于孩子做得不好的地方，我们可以加以指引，让其改正；对于孩子做得好的地方，我们要多加赞扬。我们可以跟其他家庭成员协商达成一致，在日常生活的教育中，多一些鼓励，少一些批评，不挖苦孩子，不嘲笑孩子。

3. 让孩子学会转变思路。

我们要让孩子明白，对于生活和学习中的一些事情，当我们做出很多努力仍然无法改变的时候，就要学会转变思路。

有时候，放弃盲目的执着反而是正确的选择。换个思路看待问题，可能就会发现原来完全没注意到的方面。也许稍微地转变一下思路，就能让孩子在不经意中找到解决问题的方法了。

4. 让孩子学会尊重不完美的人。

我们要让孩子明白，一个人不论高矮、胖瘦、贫富、学习成绩好坏、是否残疾有缺陷，在人格上都是平等的，都是值得我们尊重的。孩子只有在心理上有尊重别人的想法，才能在行动上有尊重他人的举止。

我们不能因为自己成绩好就嘲笑成绩差的同学，不能因为身材高大就欺负个子矮小的同学，不能因为自己家境好就轻视家境贫寒的同学……每个人都有优缺点，我们不能只从表面上了解一个人，要真诚地与人接触，发现不同的人身上的不同优点，从而取他人之长，补己之短。只有学会尊重他人，才能更好地提高自己。

5. 让孩子学会调节自己的情绪。

每个人的人生都不是一帆风顺的，在成长的道路上，孩子们难免会遇到各种各样的烦恼和挫折。有的孩子可以好好地自我调节，从而顺利地克服生活中的困难；有的孩子无法调整自己，遇到困难时只能深陷其中，无法自拔。

我们可以帮助孩子寻找适合自己的调节方式，告诉他们，在感到压力大或迷茫的时候，就去做自己喜欢的事情，比如，读书、唱歌、爬山、游泳。我们要告诉孩子，只要是能够调节自己的心情，让情绪不再低落，而且不影响到自己和他人的健康或利益的事情，就可以勇敢地去做。

完美是一个美好的词语，是一种美好的愿望和期待。我们可以享受追求完美的过程，但不必过于在意完美的结局。

我们如果只会盲目地追求完美，往往就会得不偿失。我们要让孩子明白，他不需要完美，也不需要完美的人生。因为人生本就存在各种各样的缺憾，我们只要把握好现在，尽自己最大的努力做好自己分内的事情，其他的就交给时间吧。

内心强大的孩子更有抵抗挫折的能力

人的一生要经历很多困难、挫折，这是我们无法避免的。在面对挫折时，有的人勇敢坚强，向困难发起挑战；有的人则悲观、消极，无法直面困难。

"天将降大任于是人也，必先苦其心志，劳其筋骨，饿其体肤，空乏其身……"一个取得很大成就的人必定经历过很多挫折。一个人在遇到挫折的时候，要勇敢地面对挫折，从而战胜挫折。

有的孩子因为一点儿小事就能快乐一整天，有的孩子因为一点儿小事则会悲伤一整天，这就是乐天派和悲观派的区别。一个孩子是乐天派还是悲观派，除了天生的遗传因素之外，还有一部分原因来自家庭环境。

家庭成员关系和睦、家庭氛围欢快，这种环境更容易培养出乐天派的孩子。聪明的家长在孩子遇到困难时，总是能放下身段，耐心地倾听孩子的心声，及时地从中发现问题，并与孩子共用面对，共同寻找解决问题的办法。

我们不要忽视自己的态度在孩子心中所占据的位置，每一个具有强大抗压能力的孩子身后，都站着一个能与他共进退的家长。家长是孩子最坚定的后盾，能给孩子带来无尽的安全感。

当孩子遇到挫折，处于无助、害怕、绝望的情绪中时，我们的态度尤为重要。我们对待孩子一定要多一些理解和包容，少一些指责和打骂。哪怕我们只是坚定地站在孩子身边，什么都不说，安静地做一个倾听者，孩子也能从我们身上获取安全感。

面对挫折时，孩子会有各种各样的表现。有时候，我们以为孩子不哭不闹就是抗压能力强。其实不然，有些不哭的孩子只是把委屈、难过咽进肚子里，一个人默默地承受。长久下去，这些情绪如果得不到宣泄，在心里越积越多，孩子就会变得孤僻、压抑、不自信、逆来顺受。

还有一些人在面对别人的批评或别人的意见时，表面上会微笑着接受别人的意见，私下里却从不想着改正自己的错误。其实，这也是内心不强大的表现。真正内心强大的人，能够坦然接受别人的意见或批评，认真做出反思，从而让自己变得更优秀。

小 A 从小到大都是个成绩优异、懂事乖巧的好孩子，深受老师和家人的喜爱，更是同学们学习的榜样。但自从升入初二之后，小 A 发现自己的身体有了细微的变化，这使她偶尔会感到一些困扰。这些困扰影响了她的注意力，导致她期中考试成绩很不理想。

为此，小 A 的妈妈找机会跟她认真地沟通了一次。当妈妈刚开始问小 A 对这次的考试成绩是否满意的时候，小 A 便哭了。

妈妈看到小 A 很伤心，就抱了抱小 A，让她好好地发泄自己的情绪。

等小 A 平静下来，妈妈才开始问她："你是因为考试成绩不理想而难过吗？"小 A 点头，妈妈说："为什么没考好？自己找到原因了吗？"

小 A 说："是因为我上课没有集中精力听课。"妈妈说："原来是这样啊，那就说明我们并不笨，以后要好好听课呀。那你为什么上课走神呢？"

小 A 告诉妈妈自己为身体的细微变化而困扰后，妈妈笑了："你很困扰？妈妈很理解你，因为妈妈小时候也有过这样的困扰。但是，你知道吗？这是一个人成长的必经过程。我们应该高兴，因为我们的小 A 就要成为大姑娘了。"

小 A 与妈妈交谈之后，就不再感到困扰了，很快便把精力都投入学习中了。

当孩子遇到挫折时，他们可能会心情低沉，甚至痛哭。我们先要让孩子发泄出自己的情绪，等孩子平静之后，再与孩子进行情感共鸣，让孩子明白自己的难过是正常的。然后我们要帮助孩子正确认识挫折，让孩子明白其实他所遇到的困难并不是无法解决的。他只要找到问题的根源并加以正确对待，就能解决。

我们要培养孩子强大的内心，才能让其在挫折中立于不败之地。那么，我们该如何培养孩子强大的内心呢？

1. 教育孩子要"输得起"。

孩子有不认输的想法是好事，但"输不起"的态度是不可取的。

当孩子遭遇失败时，很多家长感到着急、失望、烦躁，不能接受现实。这些情绪在潜移默化中影响着孩子的状态。其实，孩子的承受力远比我们想象的要强，只是需要我们的正确引导。

我们要让孩子懂得"不经历风雨，怎能见彩虹"的意义，也要让孩子明白"不是所有的付出都能有回报"的含义。我们要告诉孩子，你只管努力，其他的就交给时间吧。

2. 让孩子学会遵守规则。

我们培养孩子时要给他们足够大的自由空间，但同样也要让孩子懂规矩、守规则。在平时的教育中，要明确孩子的是非观念。我们也要以身作则，起到带头的作用。比如，我们带孩子过马路时，要告诉他们看红绿灯，一定要坚持"红灯停，绿灯行"的原则。

我们一直这样说，也一直这样做，孩子心中对交通规则就有了明确的概念。那么，他们即便看到有人闯红灯，也不会盲目地跟随，而是坚定地认为那是错误的行为。我们说到做到，才能让孩子真切地明白规则。如果我们言行不一，孩子很容易自我怀疑，甚至自我否定，变得不坚定、不自信。

3. 我们要学会倾听。

很多时候，孩子需要的是情感慰藉，他们最不需要的是我们的摆事实和讲道理。我们越讲道理，他们越烦躁、越叛逆。此时，倾听才是解决问题的最佳方法。我们要认真地倾听，孩子从中获取足够的爱，才能学会自我调节、自我疗伤。

4. 跟孩子好好说话，不说反话，不随便调侃，不过度谦虚。

我们总是不善于表达自己的情感，总是用调侃的语言跟孩子表达。比如，有些家长总是当众说孩子相貌平平、学习一般等。

我们这样说，很多时候是出于爱意。我们自认为这是一种"谦虚"，大大咧咧的孩子可能并不在意，但一些心思细腻的孩子则会认为自己不够好，从而产生自卑心理，甚至会讨厌家长，对家长有抵触情绪。

孩子们年纪尚小，不能正确地分辨反话和真话，更不懂大人这种"谦虚"的行为。所以，平时跟孩子相处时，我们要注意有话好好说，不要拐弯抹角，不能口不择言。

5.让孩子拥有掌控感。

我们喜欢为孩子包办一切，这看上去是为孩子好，实际上对孩子的心理伤害很大。

很多孩子在包办教育下变得沉默、暴躁、孤僻、习惯顶嘴，有的孩子还会形成过度依赖家长的心理。包办教育让孩子认为自己什么都不行，什么事都要让父母帮忙。这些孩子虽然获得了舒适和安全，但他们丧失了自己的事情自己做主的那种掌控感。

每一个孩子都会经历许多事情，他们以什么样的心态面对挫折，某种程度上决定了他们生活的幸福指数。真正给孩子造成阻碍的并不是他们当时所面对的困难，而是他们面对困难时的心境。

我们如果希望孩子长大后能够处变不惊，就要培养孩子乐观积极的心态、让他们积极地化解困难，把每一次的困难变成自己的经验和教训。作为家长，我们一定要认清挫折的本质，帮助孩子养成一个良好的心态。

告诉孩子，遇到挫折时，我们可以选择关上门大哭一场，但是，哭过之后，要擦干泪水，抬起头来勇敢面对挫折。真正坚强的人，都是怀揣着痛苦和悲伤笑着前行。总有一天，我们会成为一个内心强大的人！

P art 2

孩子要有危机意识

君子不立于危墙之下

"君子不立于危墙之下"是什么意思？这句话的字面意思就是君子不会立于摇摇欲坠的危墙之下。对这句话的深入理解就是我们要有安全意识，要审时度势，防患于未然，不做违反道义和原则的事情。

在这个变化万千的复杂社会中，从小培养孩子的安全意识，做到有备无患，是很有必要的。我们经常从网上或报纸上看到一些孩子因为缺乏安全意识而酿成可怕的悲剧。

缺少安全教育的孩子，不知道哪些行为是危险的。

有的孩子喜欢玩水，一到夏天就去河里游泳；有的孩子喜欢滑冰，看到河面上结了冰就要玩；有的孩子喜欢玩弹弓；有的孩子喜欢玩火；有的孩子随便触碰电器……

孩子们如果没有足够的安全意识，就很容易发生危险。缺少安全教育的孩子很容易受到伤害，在他们遇到危险的时候，不知道如何自救，只会手忙脚乱，而经常接受安全教育的孩子，在遇到危险时会冷静地思考应该如何自救。

在公众场所，没有安全意识的孩子，可能会乱摸、乱碰违禁物品，这不仅给自己带来麻烦，还会将别人置于危险之中。

孩子单纯、善良，好奇心和求知欲都很强，但他们的生活经验却很少，因此危险常常与他们相伴。很多孩子可能掌握了一些基本的安全常识，比如，"红灯停，绿灯行""靠右行走"……但很多孩子对于煤气中毒、火灾、用电的安全知识知之甚少，对于地震、滑坡、泥石流、雷电等自然灾害的知识甚至一无所知。所以，学习一些必要的安全防范知识，增强安全意识，是孩子成长中不可缺少的、至关重要的一课。

孩子的自救能力差是极其让人担忧的，我们经常从网络上看到一些关于青少年煤气中毒、食物中毒、烫伤、摔伤、发生交通事故等报道。

我们可以问问自己的孩子，发生地震了怎么办？煤气泄漏了怎么办？发生火灾了怎么办？小偷进家了怎么办？如果我们留心一下孩子的反应，就会发现多数孩子根本不知道如何应对。

　　某个星期天，我正在家里安静地看书，忽然听到一声巨响，我仔细寻找了一圈，并未发现异样。这时我听到了邻居家的争吵声。

　　邻居家的阳台是一个玻璃房，阳台顶全是钢化玻璃做的，主要就是为了预防高空坠物。原来，那声巨响是因为三楼的一块瓷砖掉下来砸碎了玻璃，好在没有人受伤。

　　三楼的邻居家有一个13岁的孩子，这天正是周末，他想要帮妈妈擦窗。他家防盗窗上铺着两块瓷砖，孩子擦窗户时不小心碰到了，一块瓷砖就掉下来了。其实，孩子的出发点是好的，只是在操作中没有考虑到安全隐患。

　　相比之下，孩子家长的责任更大，他们把危险物品放在防盗窗上本就不对，也没有对孩子进行安全隐患的教育。所幸那块瓷砖只是砸坏了一块钢化玻璃，倘若砸到人，后果不堪设想。

安全意识对于孩子来说非常重要，不仅能让他们少遇到危险，当危险来临时，还可以让他们自救甚至挽救别人。

那么，我们该如何培养孩子的安全意识？

1. 经常对孩子进行安全意识教育。

我们可以通过安全教育片、安全教育活动、新闻报道等，让孩子看到由于缺乏安全意识而导致不良后果的事例，让孩子自己感悟安全意识的重要性。

生活中，我们可以收集一些安全事故讲给孩子听，让孩子说出自己的体会。

2. 我们可以随时随地随机地对孩子进行安全教育。

生活中有很多不安全因素，居家有水、电、燃气；出行有交通安全、自然灾害；校园有体育设施安全、校园欺凌；还有网络安全；等等。

因此，我们家长要从日常生活开始，反复叮嘱孩子需要注意的问题，比如，要遵守交规，不闯红灯；要知道防火、防电的标志，知道安全用火、用电的知识；没有家长的陪同，不能私自去游泳、滑冰；不随便拿烫的东西，看到大人拿着烫的东西时要赶紧避开；不登梯爬高，走楼梯时不相互追逐；正确使用刀具等厨房用品；不随便吃药，不随便吃不认识的食物……

让孩子在生活实践中形成趋利避害的意识，同时让孩子理解，我们的限制是对他们的爱护。

3. 培养孩子的自理能力。

现在的孩子大多娇生惯养，父母可以为了孩子在精神和物质方面倾其所有，但是过度的付出反而会害了孩子。

我们应该让孩子学着独自面对问题，在保证安全的情况下，培养孩子自己上下学、自己买东西、自己做饭、独自完成自己分内的事情，养成良好的生活习惯。这样，孩子在面对生活中的安全隐患时才能自如地应对。

4. 培养孩子的应变能力。

为了孩子的健康和安全，培养孩子的应变能力也是一项重要的安全教育内容。

要让孩子学会如何应对环境变化，知道随着季节的变化而增减衣服，预防感冒；要让孩子知道面对突发事件时如何应对，孩子可能还无法处理一些危险的事情，但一定要积极行动，争取将伤害降到最低。比如，如果身体受伤了，应及时停止正在进行的活动，尽快去处理伤口；在闹市中走丢了，应该尽快地寻找可以帮助自己的人……

总之，我们可以人为地设定一些情境，引导孩子想出自救的方法，掌握一些基本的应变能力。

5. 多为孩子提供锻炼身体的机会。

现在人们的生活方式变了，很多时候，我们会沉迷于网络和手机，喜欢"宅"，不愿意带孩子去户外活动。其实，经常进行户外活动，喜欢跑跑跳跳的孩子，身体更健壮，不易生病，也不容易磕伤、碰伤；经常宅在家里的孩子，性格内向，爱生病，偶尔出去活动时也容易磕着、碰着。

那些爱出去锻炼的孩子，遇到危险时，反应快，动作敏捷，能很好地进行自救；而那些不爱锻炼的孩子，遇到危险时，反应慢，动作迟缓，就容易受伤。

可见，增强孩子的体能是提高孩子自救能力的重要方法。

看到媒体对安全事故的报道时，我们在惋惜之余，更要从中吸取教训，不要等到事故发生之后再进行安全教育。事后补救固然重要，但事前预防更为重要。我们要以预防为主，常抓不懈，才能减少悲剧的发生。

青少年时期是孩子发生安全事故最多的时候，因为这一时期的孩子安全意识比较淡薄，好奇心比较重，接触的人和事物越来越多、越来越广。我们家长不可能寸步不离地陪着孩子，所以，培养孩子的安全意识，让孩子学会自我保护，远离危险，是极为重要的事情。

发生意外时的应急处理

青少年时期是意外伤害的多发期。孩子户外活动增多，自主意识增强，但自我防护能力弱，对生活中各种危害的认知度也不够，容易受到不良现象的诱惑，发生意外时不能及时做出正确的判断。

那么，青少年常见的意外伤害都有哪些呢？

1. 运动中的意外伤害。

运动伤害一般是指孩子在日常活动、体育运动时所受到的伤害，常见的有骨折、扭伤、磕伤、摔伤等。孩子的身心发育还不成熟，有的伤害如果处理不当，可能会造成终身的遗憾。

2. 生活中的意外伤害。

生活中孩子由于缺乏安全知识或者行为不当也会造成一些意外伤害，常见的有火灾、触电、燃气泄漏、溺水、食物中毒等。孩子如果无法正确地处理生活中的意外，就会造成不可估量的后果。

3. 自然界中的意外伤害。

自然灾害也是孩子无法避免的意外伤害，常见的有地震、洪水、滑坡、泥石流、台风等。自然灾害往往具有不可预见性和不可抗性，一旦发生，对孩子的伤害极其严重。

了解了意外伤害的种类，我们应该有针对性地给孩子灌输一些相关的应急处理方法。

1. 青少年意外伤害之骨折。

体育运动中，过度训练、热身不够、技巧不熟悉、好胜心过强、衣着不合身、设施不合格、个人的身体素质不够好等因素都有可能会造成意外伤害。

其中最常见的意外伤害就是骨折。小的伤害可以自我康复，但骨折如果处理不当的话，就会影响整个骨骼的生长发育。孩子在发生骨折后，一定不要乱动、不能按摩、不能热敷，要迅速找到硬板状的物品进行固定，及时去医院医治。

2. 青少年意外伤害之烫伤。

烫伤是日常生活中最常见的意外伤害之一，那么，如何防止烫伤的发生呢？

我们要正确指导孩子使用厨房用品及电器。比如，让孩子在倒水时用布隔开，防止烫伤；把开水壶、热锅放在不易触碰到的地方；让孩子少在厨房玩耍；孩子学习做饭时，正确指导孩子，让其集中精力，防止被热油烫伤；不要触碰电熨斗等发热的电器，使用时要格外小心。

我们要告诉孩子，一旦被烫伤，不要使用"偏方土法"，不要随意地涂抹东西，应立即用冷水冲洗，让皮肤降温。严重的烫伤也要第一时间用冷水降温，把热气"冲走"后，立刻去医院做进一步的检查。我们要告诉孩子，被烫到后不要慌乱，一定要保持镇定，将烫伤造成的损害降到最低。

3. 青少年意外伤害之触电。

现代生活离不开各种各样的电器，电器给我们带来便捷的同时，也带来了一些安全隐患。

孩子如果不能正确使用电器，触电事故就有可能发生。我们平时要让孩子多学习用电常识，不要用金属物品接触电源，也不要用手指触碰电源，不要拿插头当玩具，不要私接电源，更不要用湿手插电源插头。

我们要告诉孩子，如果遇到触电的事故，千万不要拉触电的人或电线，而是要迅速地切断电源。如果不能切断电源，应穿上胶鞋，戴上塑胶手套，用干木棍等不导电的物品将触电的人身上的电线挑开。当自己触电时，千万不要惊慌失措。人在刚触电时是有意识的，要想办法切断电源，让自己移动到安全区域，并大声呼救。

4. 青少年意外伤害之火灾。

消防安全知识是国民应该掌握的最基本的常识，青少年更应从小学习消防安全常识。比如，遇到锅里起火时，不要倒水，应立即用锅盖盖住，隔绝空气；遇到大的火灾时，要迅速逃生，不要贪恋财物；养成熟悉自己所处的环境、观察安全出口的习惯；火灾发生时，要立刻用湿毛巾捂住口鼻，迅速向安全出口的方向跑出去；如果有浓烟，要让身体贴近地面；身上着火时，要立即就地打滚或用厚重的衣物压灭火苗；可以用手电筒或手机的光线向窗外发送求救信号；千万不要坐电梯，要利用楼梯逃生。

5. 青少年意外伤害之刀具伤害。

日常生活中难免要使用刀具，如水果刀、菜刀、剪刀。刀具如果不能正确使用，很容易造成伤害。

使用刀具时，要集中精力，不可把玩刀具，不可拿着刀具向别人比画或开玩笑。用完后，要妥善放置刀具，不要让尖锐的部分朝外，以防有人因误碰而受伤。不小心被刀具伤害后，应首先把刀具放在安全的位置，然后清洗伤口。清洗伤口后，如果只是浅表性受伤的话，可以涂抹碘伏或莫匹罗星软膏，贴上创可贴即可；如果创面较大较深，要立即去医院医治。

6.青少年意外伤害之自然灾害。

自然灾害是指地震、洪水、台风等对人们造成伤害的自然现象。大自然的威力是无穷的，我们无法完全抵御自然灾害，但我们可以教育孩子采取积极有效的方法，尽量减少自然灾害造成的伤害。

面对地震时，如果在屋内来不及跑，可以躲在墙角，同时用枕头、被褥等保护头部，千万不要去阳台或窗下躲避。如果已经离开房间，千万不要回屋，哪怕屋内有贵重物品。如果在大街上，要寻找空旷的地方，千万不可去建筑物里、桥洞下、胡同里躲避。如果被埋在建筑物里，应保存体力，想办法找到水和食物，耐心等待救援。

台风来袭时，应关闭门窗，清理阳台上的杂物和植物。尽可能地提前储备好食物和水，准备一些应急物资，谨慎使用电器，待在室内，减少外出。如果一定要外出，要穿雨衣，远离建筑物和树木，谨防高空坠物，远离湖泊、河流，以防风势太大而坠入其中，还要远离被风吹落的电线。

发生洪水时，要就近寻找高地、山坡、楼顶等地方躲避，想方设法与外界联系，寻求救援。如果已被卷入水中，要尽可能地抓住可以在水上漂浮的物品，远离掉落的电线，防止触电。

7.青少年意外伤害之动物。

孩子天性善良，有爱心，喜欢接触小动物。不过，小动物并不都是温顺的。

如果孩子不幸被咬伤，应该立即冲洗伤口，冲洗的水量要大、要急。要在 24 小时之内去医院注射破伤风或狂犬疫苗。除此之外，我们还应该多给孩子普及一些被野生动物伤害的处理方法。比如，被马蜂蜇伤后应该立刻涂抹碱水，削弱其毒性；如果有刺残留在体内，应用镊子取出来。不管出现了哪种损伤，都要切记，不要用土敷，也不要用脏布包扎，以免造成更大的伤害。

8.青少年意外伤害之"病从口入"。

我们要给孩子养成良好的饮食习惯，不暴饮暴食，不挑肥拣瘦，不随便食用不认识的东西。除此之外，很多孩子喜欢咬东西，比如，笔帽、玩具、衣服拉链等，这些东西很容易被孩子吞咽下去，造成窒息。

如果不小心吞进异物，应尽快将异物取出，千万不可以直接吞咽下去。如果已经吞咽了，并出现胸骨后疼痛，说明异物卡在食管内。这时候一定要镇定，尽量减少呕吐，要禁食，并迅速去往医院，千万不要在家自行处理或任其发展。

生活中饮食不当也会造成食物中毒。如果食物中毒，要尽量吐出来。如果想吐又吐不出来，可以用手指压住舌头，采取催吐的方法。如果不太严重，可以卧床休息，多喝热水，吃清淡的食物；如果中毒严重，出现意识模糊的情况，要立即拨打120，去医院就医。生活中还有很多需要学习的自救技能，我们应多方面了解和学习，然后传递给孩子，让孩子也能充分掌握。

我们一定要帮助孩子认真学习一些预防意外伤害和自救的技能，孩子只有拥有了保护自己的能力，才能在遇到困难时，从容不迫，游刃有余。

让孩子掌握基本的自救知识

每一位家长都希望孩子能健康、安全地成长，都愿意倾其所有为孩子构筑一个象牙塔。但是现实生活中有太多的防不胜防，没有人可以做到万无一失。

我们无法做到时时刻刻守候在孩子身边，所以，从小培养孩子的安全意识，让孩子学会基本的自救能力，比为孩子报各种各样的兴趣班、补习班更为重要。因为孩子的生命安全比任何事情都重要，没有生命安全的保障，才是真正地输在了起跑线上。

我们要从现在开始，认真地教孩子一些不同场景的应对方法。当孩子遇到不同的危险时，他们可以保持冷静，利用以前学过的自救知识实现自救。千万不要嫌麻烦，也不要觉得没必要。要知道，孩子的这些自救能力，都是在日常生活中，在我们的"碎碎念"中慢慢养成的。

13岁的小五坐电梯时，电梯忽然停止运行了。小五在短暂的惊慌之后，第一时间按下了电梯内的紧急呼叫按钮。她间断性地按开门按钮，每隔几分钟就大声呼救一次。半小时后，小五成功脱险。

两名救援人员听完她的自救方法后，不由得向她竖起大拇指，更是对小五的父母赞不绝口，因为小五说这些方法都是她的爸爸妈妈平时教给她的。

由此可见，从生活点滴中给孩子灌输自救的方法是多么重要。小五如果发现电梯故障之后，不是冷静地寻求帮助，而是大声哭闹，强行撞门、扒门，那么可能会对她造成不必要的伤害。

孩子拥有基本的自救能力，也就相当于拥有了绝处逢生、化险为夷的能力。自救能力就像一把万能钥匙，可以在孩子遇到危险的关键时刻，帮助孩子打开安全逃生的大门。

日常生活中，要让孩子熟记各种救援电话，让孩子知道哪些人可以帮助自己，让孩子有分辨善恶的能力。有时候，我们为了吓唬孩子会说"再不听话，警察叔叔就来抓你"之类的话，这是极其不正确的。为了孩子的安全，我们一定不要开这种玩笑，以免混淆孩子的判断力。

　　我家楼上的小雨在暑假的时候和妈妈一起去厦门旅游了。旅游回来后，小雨妈妈对我说："我们以后可不出门了，太吓人了。要不是小雨反应快，后果真是不敢想象。"

　　经过小雨妈妈的描述，我也为她捏了一把冷汗。

　　原来在火车站，小雨等妈妈取票的时候，走过来一位老婆婆。老婆婆看上去面目慈祥，告诉小雨自己不识字，也没有人陪同，这会儿正想上厕所，想让小雨帮忙带着去厕所。

　　小雨见妈妈正排队，还需要一段时间才能取到票，就带着老婆婆去了。可是，老婆婆表现得特别怪异。首先，她不让小雨告诉妈妈，说："我们很快就回来了，就别打扰你妈妈了。"然后，老婆婆说她想去地下那层的厕所，因为那里人少，不用等太久。小雨觉得不安心，一边走，一边观察周围环境。这时，她正好发现有一位安检员，便赶紧跑到安检员身边，告诉他："叔叔，这位奶奶要去厕所，您可以帮她一下吗？我要赶紧回去找我妈妈了。"

正当安检员要帮助老婆婆时，老婆婆却说："这是我孙女，不用麻烦您了，她能带我去厕所。"小雨顿时意识到自己遇到了危险。

围观者见状，纷纷指责小雨不懂事。小雨刚要解释自己不是她孙女，老婆婆便向众人诉起苦来。眼见围观者越来越多，越来越解释不清，小雨便一把抢过旁边一位围观者的手机，说："等我妈妈来了，我一定还给您，并向您道歉。"

当小雨妈妈找到小雨后，出现了两个人，他们声称是老婆婆的亲人，并说老婆婆神志不清，才闹出这场误会。

不管故事中的那位婆婆是不是神志不清，小雨能及时脱身都值得我们为她点赞。孩子的所有表现都跟我们的日常教育分不开，小雨如果没有从小培养起来的安全意识，就不会觉察出身边的异样，更不会在危险来临时做出正确的反应。

那么，我们应该如何培养孩子的自救能力呢？

1. 让孩子掌握家庭成员的信息、电话，并时刻牢记在心，还要掌握一些常用的救援电话，能分辨什么人可以帮助自己。同时，我们要让孩子学会保护自己及家人的信息。

现在的孩子都会上网，我们要告诉孩子，不要随意在网上填写个人信息。有的罪犯可以叫出孩子的名字或者说出家庭成员的信息，有可能就是因为他在跟踪时听到过或者在哪里看到过这些信息。

我们要告诉孩子，平时遇到陌生人问路或敲门时都要警惕。我们要让孩子知道，如果有人编造紧急情况试图将他带走，他一定要第一时间联系父母。如果联系不上父母，孩子有权自己做出决定，我们要让孩子知道，就算是警察叔叔，在未经监护人允许的情况下也不能强行将他带走。

2. 我们要告诉孩子，出门在外时要多留心观察所接触的人或物。

在遇到自己感觉不安的情况时，孩子宁可相信自己的直觉，也不要心存侥幸。我们应当告诉孩子不要只留心陌生人或面目凶恶的人，不要养成固定思维，不要只以长相论善恶。要知道，很多罪犯是孩子身边的熟人或者长着一副慈善面孔的人。

3. 告诉孩子，当危险来临时要学会大声呼救，学会观察周围可帮助自己的人或物。

孩子太小，而且一般都处于毫无防备的状态，相比起来，罪犯都是有备而来的。所以，孩子不要与罪犯正面较量，而是可以做一些异常的举动来引起周围人的注意力，比如，大声呼救，损害围观者财物等。

4. 教育孩子要学会拒绝他人。

我们都希望培养出有素质、有教养的孩子，但也应该让孩子明白任何事物都不是一成不变的。

当面对危险时，所有的规则都可以被打破，我们要告诉孩子，如果有人威胁他们，让他们做危险的或他们不情愿做的事情时，他们要勇敢地说"不"。不要顾及面子，也不要顾及别人的感受，一切以安全为主。

5. 让孩子学会保护自己的隐私部位。

我们经常从网上看到孩子被性侵的事件，在为孩子感到惋惜，对犯罪分子感到痛恨的同时，我们一定要加强孩子自我保护的教育，以减少类似事件的发生。

我们可以告诉孩子，他们的隐私部位什么人都不可以触碰，就算是医生为我们检查身体也应要求监护人在场监督。我们尤其要告诉女孩子，一定不要留宿他人家中或者跟他人去荒僻无人的地方，要格外注意身边的异性，对他们异常的言行举止要提高警惕。

6. 我们要学会倾听。

平时我们应该多和孩子沟通，让孩子知道父母永远是他们最坚实的后盾。如果孩子告诉我们，他讨厌某个人，不喜欢某个人的行为时，我们不要简单粗暴地打断孩子，也不要道德绑架式地不允许孩子背后说人坏话，而是认真地倾听孩子的所见所闻，并帮助孩子分析。

这样，孩子在我们面前才能知无不言，言无不尽，敢于说出自己的想法、看法。孩子如果遇到危险，也会第一时间找我们倾诉，而不是选择自己承担，不敢说出来，致使坏人逍遥法外。

7. 将理论知识融入实践生活中。

只靠语言告诉孩子一些自救的方法是不够的，很多孩子觉得大人危言耸听，对于这些话，他们往往左耳朵进，右耳朵出。不仅起不到作用，孩子还可能觉得我们太唠叨。

我们可以和孩子一起探讨看到的关于青少年受伤害的新闻事件，让孩子说出自己的看法。我们也可以通过游戏的方式扮演坏人，对孩子做出危险的举动，测试孩子的反应能力，让孩子从游戏中掌握自救的要领。平时和孩子一起出门散步时，我们可以随时随地告诉孩子可能会发生的危险，然后告诉孩子要学会求助于他人，比如公园、商场的工作人员。

明天和意外我们永远不知道哪一个先来。所以，我们需要做好万全的准备。这样，孩子在遇到危险的时候才能灵活应对，从而化险为夷。

让孩子拥有独立生存的能力

现在的社会上存在着一种不良风气，将"学习好、工作好、挣钱多"作为一个人成功的衡量标准。有时候，我们受这种观念的影响，也会把升学、考试作为教育孩子的首要目标。其实这是不提倡的，教育孩子的首要目标应该是让其学会独立生存的能力。

每个孩子生下来就是一张白纸，因为家庭环境和生存环境的不同而长成具有不同性格的个体。父母都想给孩子更好的物质基础、更好的教育环境，对孩子的事总是尽量做到最好。尤其现在，仍然有很多家庭是由老一辈帮助照顾孩子，老一辈对孩子的照顾总是事无巨细，永远是"想在前头，做在前头"，包办孩子的一切事情，生怕孩子发生任何危险。

长此以往，孩子们就会养成依赖的心理，失去尝试做某些事的动力，缺乏独立生存的能力，过着没有主见的"寄生"生活。甚至有的孩子还会产生任何事情都可以轻松搞定的错觉。

我们所说的独立生存能力，并不只是将来能养活自己的能力，还包括孩子独立思考的能力、独立生活的能力、与人相处的能力等。这些能力并不是随着年龄的增长而自然形成的，而是需要从小不断学习、不断积累才能发展起来的。

随着年龄的增长，孩子面对的困难会越来越多，压力也越来越大，父母是无法永远站在孩子前面的。所以，只有孩子学会独立生存的能力，他才能真正融入社会这个大家庭里。

　　大概二年级的时候，我和几个同班同学一起去郊游。我们一边玩一边走，等到玩累了才发现，谁都没记住来时的路。

　　眼看着天色渐晚，有的同学已经饥肠辘辘，胆小的同学失声痛哭起来，还有的同学一边哭一边绝望地说："我再也回不了家了。""我再也见不到爸爸妈妈了。"

　　所有的人都被恐惧笼罩着。此时，一个叫大勇的同学站了出来，说："你们都别哭了，赶紧回忆一下我们刚才经过了什么地方。"

　　在大勇的带动下，同学们你一言我一语地开始回忆，但是因为回忆的内容不同，大家开始争论不休。

　　此时，大勇再次坚定地说："我记得咱们先是看到一群羊，经过了一片桑葚林，一片树林，然后又经过一条长长的桥洞，还有一条小溪。那么，我们现在应该先去找小溪，找到小溪就能找到来时的路了。"

　　大勇边说边带领大家寻找，最后，我们顺利地找到了回家的路。

大勇的父母都忙于生意，无法做到时刻保护大勇，甚至做不到常常叮嘱大勇。也许人们会说，像大勇这样的孩子，天生应变能力、生存能力就很强。

　　事实上，很多才能并不是先天具有的，在于后天教育。即便我们在生活中不善教导，但孩子的模仿能力强，我们的一言一行都会被孩子看在眼里，他们慢慢地受着我们的熏陶。所以，父母不断提高自身的素质和能力，也是培养孩子的重要基础。

有些家长对待孩子会喜怒无常。在他们心情好的时候，孩子做错了事，他们毫不介意；在他们心情不好的时候，看孩子处处不顺眼，甚至将孩子当成"出气筒"。

这样做非常不好，会导致孩子混淆是非观念，变得喜怒无常。有时候，我们家长喜欢给孩子立规矩，自己却总是破坏规矩，没有起到带头作用。如果孩子经常看到自己的父母打破规矩，那么规矩对孩子就会失去约束力。

当前青少年的独立生存能力普遍较弱，这突出表现在生活中的各个方面。比如，生活自理能力差，衣食起居杂乱无章；自控能力差，遇到事情暴躁易怒、情绪失控；意志力薄弱，遇到挫折意志消沉、逆来顺受；思想极端，遇到麻烦时，要么激动亢奋、对别人大打出手，要么沉默寡言、抑郁自残。

生存能力是人类适应社会和自然的综合性能力，是步入社会和自然时必不可少的条件。所以，关注和培养孩子的独立生存能力是每个家庭不容忽视的重要内容。

那么，我们应该如何培养孩子的独立生存能力呢？

1. 让孩子掌握一些生存技能。

现实生活中，我们经常听到或看到大学生溺水身亡的相关报道。如果我们能引导孩子从小学习游泳，让他们拥有游泳的技能，就可以避免溺亡事故的发生，孩子的生命就会多一份保障。

平时，我们也可以带孩子多参加一些演习，如地震演习、消防安全演习等各种情景演习。再多的说教都不如一次真实的演练更能让孩子提高防范灾害的能力。我们也可以带孩子看一些野外求生的节目，让孩子学习分辨方向，分辨什么食物可以吃，分辨水源的位置，学会生火，学会处理伤口等。

可能我们对于这方面的知识也很欠缺，正好借这个机会和孩子一起学习一些新本领吧。

2. 多带孩子体验各种各样的生活。

现在的人们搬进了高楼里面，慢慢地忘记了农村生活的一些技能，很多孩子甚至从没接触过农村生活。

我们可以多带孩子体验农家生活，跟孩子一起劳动，一起认识各种各样的蔬菜、小动物，让孩子从中体验辛勤劳动的滋味，学会珍惜粮食，学会怎样与动植物和睦相处。通过这些活动，孩子会学到很多我们想象不到的技能，而且还能增强体质。

3. 父母对孩子多鼓励、多引导，多让孩子体验成功的喜悦，多鼓励孩子自己的事情自己做。

我们可以采取循序渐进的方式，逐步提高对孩子的要求。当孩子取得一些进步时，我们可以多用"你真能干""你动手能力真强"之类的语言给予表扬。

得到表扬的孩子会自信心大增，积极性更高。但当孩子做得不够好的时候，我们也不要一味地指责和埋怨，还是要多鼓励，用"你一定可以的""你比之前已经进步了很多""我相信你能行"之类的话语给予孩子鼓励。必要时我们可以协助孩子，以免打消孩子的积极性。

当然，我们要做好表率，给自己定目标，然后一一完成。对于孩子的教育问题，家庭成员之间的意见要保持一致，这样，培养孩子的道路才能更加顺利。

4. 培养孩子的忍耐力和自控力。

我们可以发现，那些成功人士大多具备很强的忍耐力和自控力。一个平时做事半途而废、缺乏耐性的人，长大后在事业上往往也鲜有成就。相反，一个做事有始有终、锲而不舍的人做什么事都可以很出色。

我们可以在孩子遇到困难的时候，鼓励孩子坚持一下，不要立刻帮助孩子。孩子能忍受失败带来的痛苦，才能不怕失败，才能越挫越勇。

培养孩子的自控力时，我们要以身作则，先要增强自身的自控力。如果我们在孩子面前表现出精力集中、说到做到、持之以恒时，孩子也一定会受到我们的影响。我们要从小事开始锻炼孩子的忍耐力和自控力，不过分束缚孩子，可以用意义深刻的事例说服孩子。

5. 多带孩子接触社会，增长见识。

我们担心外面的世界有太多的安全隐患，所以很少让孩子出门。在封闭环境中长大的孩子，容易患社交恐惧症。他们见到陌生人就会不自在，不知道如何与他人交流，与人接触时容易敏感、自卑、谨言慎行，容易缺乏团队合作精神，不合群，朋友少，遇到突发事件应变能力差。所以，我们应该多带孩子走出去，多接触新环境。比如，带孩子去书店，让孩子看看那些求知若渴的人；带孩子去超市、市场，让孩子多体味一下人间烟火；带孩子参加大人的聚会，让孩子了解大人间如何沟通……对内向的孩子要多鼓励，多创造机会让孩子与他人相处。

6. 培养孩子的好奇心，遇事多动脑筋。

孩子对外界事物的接受很多时候源于内心的好奇。我们会因为怕麻烦、怕危险而阻断孩子的好奇心，使孩子失去很多学习的机会，还会打消孩子的积极性，让孩子变得对什么都提不起兴趣。

当孩子对某件物品或事情感兴趣时，我们应耐心地给予指导。时间允许的话，我们还可以和孩子一起探索，让孩子开动脑筋，并引导孩子从多方面思考问题，充分发挥孩子的想象力。

生活中遇到事情时，我们也可以引导孩子想出不同的解决办法，让孩子养成爱思考的习惯。

　　我们不否定学习的重要性，但我们也不希望孩子成为只会学习的"机器人"。我们要让孩子明白，学习只是生活的一部分，生活中还有很多其他的技能需要学习，要成为一个"完美"的人就要全方位发展。

尊重自己、尊重他人——拒绝校园暴力

校园暴力是我们每一位家长都会担心的问题，我们既担心自己的孩子在校园里遭遇校园暴力，也担心自己的孩子成为施暴者。

校园暴力有精神暴力、语言暴力和行为暴力三个方面。校园暴力有两个主体，一个是欺凌者，一个是被欺凌者。在学校这样一个大环境下，同学们理应组成一个团结互助的共同体，为什么他们却形成了两个对立面？

青春期正是暴力行为的高发期。处于青春期的孩子人生观还不完善，在实施校园暴力时，也许并没有意识到自己的行为是霸凌，甚至认为自己只是在开玩笑。所以，我们在发现自己的孩子对朋友、同学有校园暴力的行为时，应及时制止。

我们要让孩子知道，即使是开玩笑也要注意尺度，避免在无意中伤害他人。我们要让孩子学会尊重自己、尊重他人，不能恶意地伤害别人。我们要让孩子明白他们的哪些行为是不对的。如果他们的言行举止对别人造成了伤害，一定要立刻停止这种行为，并向对方道歉。

闺密的女儿小 A 是个大大咧咧的孩子，虽然热情活泼、乐于助人，但总是给闺密惹来一些麻烦。原因就在于小 A 说话直来直去，不太会考虑别人的感受，总是在无意间得罪同学。

前几天闺密又一次气呼呼地来找我，一进门便大发牢骚："你说这孩子随了谁了，真是不让我省心。她今天又把同学惹哭了，人家家长又找我了。我真是一天到晚都在帮她收拾尴尬局面。"

我让闺密先冷静一下，等她心情平静下来才跟我说清了事情的原委。原来，小 A 在学校跟别的同学开了一个过分的玩笑，同学家长气愤地要求闺密好好管教小 A。

回到家之后，她便向小 A 问清了原委，得知小 A 开的玩笑确实有些过分。闺密很生气，便训斥了小 A 一顿。小 A 被闺密训得恼了，跟闺密争辩了几句，便走进自己的屋里关上房门，连晚饭都没出来吃。

闺密说完，问我："难道是我太小题大做了？我训斥得过分了吗？但是我认为这就是她的错呀。孩子做错事了，我们能不管吗？我们如果不管她，任由她一错再错，将来岂不是会发生更严重的事情吗？"

我示意她别着急，说："可能小 A 并没有意识到这件事是不对的，还以为这只是一个小玩笑。你好好跟小 A 沟通一下，告诉她为什么这样做不对，她这种行为会对同学产生什么样的伤害。你对她说清楚，她自然就明白了。"

过了两天，闺密告诉我，她按照我说的跟小 A 聊了之后，小 A 立即承认了错误。

小 A 说，自己当时不知道这个玩笑会产生那样的后果，等后来再想挽回时，又拉不下面子。好在小 A 是个敢于承认错误的孩子，她最后还是向那位同学道歉了，并向当时在场的人讲明，以后再也不开那样的玩笑了。

我们要帮助孩子树立积极向上的价值观，让孩子知道社会生活中最基本的原则是尊重他人。人生的意义不是苦求名利或迷信暴力，而是通过不断的学习知识和修正言行，让自己和别人生活得更美好，从而获得长久的快乐。

被欺凌者往往性格内向、害羞，在同学之间不受重视，没有或只有几个朋友，性格或行为上有异于他人。受害者被欺凌之后，身体和心理都会受到很大的创伤，轻则变得胆小、自卑、忧郁，重则影响人格发展，进而导致自残、自杀，或者成为欺凌者。

给学生创造一个安全健康的学习成长环境是学校、社会和家庭共同的责任。多年来，为了预防校园暴力的发生，国家和学校都采取了一些积极的措施。但是，有关校园暴力事件的报道依然频繁地出现在网络上、报纸上。

我们每位家长都非常担心自己的孩子受到校园暴力的侵害。我们无法时刻陪伴在孩子的身边，更无法完全阻止这类事情的发生，但我们可以加强孩子的自我保护意识。

那么，我们该如何培养孩子自我保护的意识，防范校园暴力的发生呢？

1. 加强体育锻炼。

我们养育孩子的初心就是希望他们茁壮成长，孩子未来的发展方向不是我们可以决断的，但我们可以帮助孩子培养一些良好的习惯，比如锻炼身体。合理的体育锻炼，能有效地促进青少年神经系统的发展，提高他们的反应能力，使他们的身心得到全面发展。

孩子只有自身足够强大，才能提高自己的底气，增强自信心，从而增强自己的气场。另外，通过运动，孩子还可以结交一些有相同爱好的朋友，这样就更不容易被人欺负了。

2. 我们要让孩子知道，遇到校园暴力时一定要沉着冷静，想办法脱身，千万不可单打独斗。

　　我们要让孩子永远记住一点：自己的人身安全重于一切。他们就算被欺凌者围困难以脱身，也一定不要激怒对方，更不能去偏僻的地方，而要冷静地观察周围的一切，寻找可以帮助自己的人。

　　3.在培养孩子的过程中，家长要给孩子足够的安全感，让孩子不管遇到什么事情都敢说，都能第一时间想到家长。

　　我们要告诉孩子，爸爸妈妈永远是他们最有力的靠山。我们平时要多跟孩子交流，遇到事情不要急躁，更不能一味地指责自己的孩子。孩子向我们倾诉的时候，我们一定要认真倾听，跟孩子一起分析问题，从而找到解决问题的办法。我们要让孩子知道，他不是孤军奋战，父母永远在他身边保护着他。而且，我们要让孩子明白，遇到困难时寻求帮助是聪明的表现，并不可耻。

　　4.我们要告诉孩子：在威胁与暴力来临时，不要害怕，更不能忍气吞声。

　　霸凌者不会因为你的忍让而对你友好，你"退一步海阔天空"的心态反而会让他们变本加厉，你的忍让和懦弱只会助长他们的嚣张气焰。所以，我们要告诉自己的孩子，遇到校园暴力时，一定要勇敢一点儿，拿出自己的勇气，目光坚定地对霸凌者说："停下来！"你的勇气会让对方感到心慌，让对方知道你不是可以随便欺辱的。

　　5.加强孩子的心理知识教育和心理技能训练，提高孩子的处世能力。

　　让孩子与人友善、谦和，养成谨言慎行的习惯。我们要告诉孩子，他们结交朋友要谨慎，要交益友，不交损友、佞友。如果已经交上了损友，要及时止损，用合理的方法与之断绝关系。

　　求学路漫漫，好友常相伴，善于交朋友的孩子最不容易被校园欺凌。同样，广交益友能使孩子的身心得到健康发展，也能避免孩子成为校园暴力的施暴者。

6.让孩子多学习和了解保护青少年的相关法律，多参加一些思想道德教育的活动，多参加学校的团体活动，培养他们的团队协作意识。

我们要教育孩子把时间和精力多放在学习上，知识的力量是无穷的。

作为家长，我们也要多观察自己孩子的情绪变化、身体变化和行为变化，如果发现孩子有不正常的表现，要多跟孩子敞开心扉地沟通，让其尽快回到正常的学习生活中。

我们要培养孩子正确的是非观念，这样他们才能分辨好坏。在日常生活中，我们要教育孩子什么是对的，什么是错的，什么是该做的，什么是不该做的。日积月累，他们在面对事情的时候就会有正确的判断力了。

校园暴力的发生对学生、家庭甚至社会造成了无法估量的伤害，校园暴力事件的杜绝需要社会、学校、家庭的共同努力。我们可以先从自身做起，教育孩子成为一名文明、友爱的三好学生，向一切不文明、不健康的行为说不。我们可以带孩子多接触他人，让他们懂得如何与他人相处，懂得如何更好地生活在校园这个大集体里。

P_{art} 3

培养孩子健全的人格

让孩子在爱中成长

作为父母，我们总是对孩子寄予很多希望。孩子小的时候，父母望子成龙，希望孩子将来成为科学家、发明家，盼望孩子考上名牌大学。后来，我们渐渐接受了孩子的平凡，对孩子的要求也降低了，觉得孩子能考入大学就行。再后来，我们的要求更低了，只要孩子身体健康、不违法乱纪就行。

其实，我们最低的要求才是最本质的希望。孩子能健康快乐地长大，然后找到自己所爱的人，有一个温馨的小家庭，有一份自己喜欢的工作，有几个好友，这就是最简单的幸福。

每一对父母在与孩子相处的过程中，都会有自己的心得体会，但我们仍然是摸着石头过河。其实，没有哪一种教育方式是完全正确的，也没有哪一种教育方法是适合所有孩子的，但好的教育方式一定少不了爱。

我们应该因材施教，坚持陪伴、欣赏、一起成长的教育理念，倡导在爱中成长，用宽广的胸怀接纳自己的孩子，尊重孩子，了解孩子自身的优缺点，从学习能力、沟通能力、抗压能力、自我保护的能力、处理问题的能力等方面培养孩子。

每个孩子都是有自尊、有价值的个体。青少年时期的孩子自我意识和自尊心都很强，因此，我们在教育孩子的过程中一定要给予他们足够的爱和耐心。

当孩子在生活或学习中出现错误时，我们应该多理解，少训斥；多引导，少惩罚，不要使用过激的语言，更不能采取暴力行为。比如，当我们发现孩子抄袭别人的作业时，不要当着同学的面公开批评孩子，要寻找合适的时机委婉地给孩子讲道理。

如果我们控制不了自己的脾气，上来就对孩子一顿痛骂，这样不但起不到任何作用，还会伤害孩子的自尊心。孩子在同学面前丢了面子，容易产生自暴自弃的心理。

长久下去，他们就有可能成为人们口中管不了的那种孩子。所以，当我们面对犯错的孩子时，不要立即暴跳如雷，要试着用爱去感化他，这种方式也许能起到意想不到的作用。

每个孩子都有自己的优缺点，只要我们用心观察，满含热情地寻找，肯定能找到他们身上的优点。我们要真诚地鼓励孩子发挥自己的优点，对孩子哪怕很小的优点都给予肯定和鼓励。给予孩子肯定就是增强孩子的自信心，有自信的孩子才能有更好的未来。

　　小 L 在班里是出了名的问题学生。他上学经常迟到，上课也不专心听课，班级里的活动从不参加，打扫卫生时也总不见人影。他从不犯什么大错，但总是小错不断。为此，家长和老师经常与他沟通，试图改变他的个性，但他们的努力都是白费力气。

　　去年，小 L 调了班级，也换了老师。在新成立的班级的第一堂课上，班主任和同学们一起讨论选择班干部的事情。大家你看看我，我看看你，都建议让老师指定。

　　这时候，小 L 站起来说："班主任都不认识我们，更谈不上了解我们，怎么指定班干部？还不如谁有能力就自己推荐自己呢。"

班主任一听，立马说："这位同学的建议很好。那么，有哪位同学愿意做我们班的班长呢？"

大家都不好意思自我推荐。班主任又说："刚才这位同学，既然你提出这样的建议，那么，你能不能做个表率，推荐自己做班长呢？"

小 L 听到班主任的话，用不确定的眼神看着老师说："您确定吗？我可是经常惹老师生气的。"班主任说："既然你能想到这样的方法，说明你心里有我们这个班级，有集体意识。而且，你为老师分忧，老师怎么会生气呢？我相信你可以胜任班长的职务。"

自从小 L 做了班长以后，他对班里的大事小事都很关心，每天早来晚走，带头劳动。他在同学们中树立起了一个负责任、有担当的"大哥"形象，老师对于他的表现也是赞不绝口。小 L 自信心大增，学习成绩也渐渐地提高了。

如今，小 L 受到全班同学和老师的肯定，被评为"优秀班干部"。在刚结束的期中考试中，他的成绩进入了前十名。

每一个有问题的孩子都可以变成品学兼优的孩子，关键是大人如何用爱感化他。被爱包围的孩子充满自信，内心丰富，会有很强的幸福感，更容易成功；而缺爱的孩子容易叛逆，遇到问题容易有极端思想，内心缺乏安全感。

那么，我们应该如何做才能让孩子在爱中成长呢？

1. 家庭成员之间要互敬互爱，统一战线。

当孩子表现好的时候，我们可以适当地给予表扬；当孩子做某件事情坚持不下去的时候，我们可以适当地协助他们；当孩子提出无理的要求时，家人要统一战线，绝不妥协；当孩子生气发脾气时，我们可以安静地走开，给孩子足够的时间和空间，让他自己消化一下，然后再找机会跟他沟通，让他认识到自己的错误。

我们一定要控制自己的情绪，以免影响到孩子，强化他们的过激行为。当我们需要孩子帮忙时，我们要像对待大人一样，向孩子诚恳地请求，真诚地道谢。

节假日时，我们可以多带孩子出去走走，看看亲戚，增进和家人之间的感情。我们要用自己的行为感染孩子，让孩子在爱的包围下健康成长。

2. 我们要多陪伴孩子。

每一个成年人都是不容易的，但是为了培养出一个有健全人格的孩子，我们无论多忙，都要尽可能多地抽出时间陪伴孩子。

家长不必特意地做什么，只需要安安静静地陪伴孩子就好。在孩子的世界里，家长的陪伴本身就是对孩子最大的尊重。但是，安静的陪伴并不代表对孩子置之不理。我们应该仔细观察，摸索孩子的内心世界。这样，等到孩子需要我们的时候，我们才能快速而准确地帮到孩子。

3. 让孩子学会传递爱。

"赠人玫瑰，手留余香。"一个内心充满爱、精神世界很富足的孩子一定更懂得传递爱，更懂得付出会让人快乐。孩子如果懂得传递爱，在帮助别人的同时也能提升自己。

我们可以告诉孩子，在帮助别人之后，如果别人对我们表示感谢，那会是一种很满足、很幸福的感觉。"勿以善小而不为"，让孩子尽情地传播爱，让他们好好体验那种幸福感。

4. 让孩子学会感悟，感悟身边人的爱。

当孩子走在大街上，我们可以告诉孩子道路这么干净是因为环卫工人的默默付出；当孩子拥抱大自然时，我们可以告诉孩子太阳、空气、水、花草树木等对于我们的重要性……

有太多的爱值得我们去感受，孩子无时无刻不被这些爱包围着。懂得爱的孩子才更懂得感恩，才更能发现这个世界的美好。

5. 我们不要吝啬给予爱，要给孩子无私的爱。

很多时候，我们对孩子的爱都是有条件的。当孩子完成我们的期待或让我们感到自豪时，我们才会给予他们精神或物质上的奖励。相反，如果孩子没有完成我们的期待，我们就会给予他们严厉的批评。这样做的后果是：孩子在长大懂事后，会感觉父母对自己的爱是不纯粹的，他们会觉得父母只是在乎自己的面子。

有时候，我们认为给予孩子太多的爱会宠坏孩子，让孩子变得没规矩、得寸进尺。其实不然，孩子希望被认可，渴望得到我们无私的爱。有时他们故意做错事或者淘气，都是因为希望得到我们的关注和爱。我们可以尝试一下，如果我们给予孩子无私的爱，孩子的精神面貌一定会得到很大的改善。

孩子们在成长的过程中一定会出现各种各样的问题。我们一定要在理解他们的基础上，给予他们足够的爱和温暖。

我们不能保证孩子将来会怎么样，但我们一定要让孩子过好当下的每一天，让他们被爱包围，在爱中成长。这样，等到他们将来长大，偶尔失意的时候，他们还可以回忆起很多温暖的人或事，用这些爱去鼓舞自己，继续昂着头向前走。

呵护孩子的自尊心

每个人都有自尊心，有时候孩子的自尊心甚至强过大人。但我们往往意识不到这个问题，认为孩子还小，什么都不懂，什么都不会往心里去。因此，我们有时候在说话和做事时不太考虑孩子的感受，在无形中让孩子有一种自尊心受挫的感觉。

当孩子做错事情时，我们经常控制不住自己的脾气，张口就说一些打压孩子的话，甚至不顾及孩子的面子，当众责骂他们。有时候，我们还会因为别人家的孩子更优秀，觉得自己没面子，就对孩子各种抱怨、挖苦。在这种环境下成长起来的孩子，自尊心严重受挫，会失去自信，变得自卑、敏感。

其实，孩子的自尊心很脆弱，需要大人的维护。在孩子们的眼里，大人对他们的评价很重要，他们渴望得到大人的理解和尊重。如果我们总是肯定和鼓励自己的孩子，那么，孩子在面对困难时就会充满自信；如果我们总是否定和打压自己的孩子，那么，孩子在面对困难时就会丧失斗志。所以，我们在激励孩子时，一定要用正确的方法，摒弃传统的"不打不成器""打是亲，骂是爱"的教育理念，对孩子多一点耐心和爱心。

孩子的自尊心需要我们的呵护，但过度的呵护又会造成孩子自尊心过强。自尊心过强的孩子特别敏感，特别在意别人的看法、说法，对别人的批评不能坦然接受。严重时，还会影响到孩子自身价值观、人生观的形成。

自尊心过强的孩子容易自卑、偏执、脾气大，遇到事情没有主见，容易人云亦云，经常处于一种被动的状态。他们不愿接受别人的建议，更不会轻易改进自身的不足。他们总是带着一颗"玻璃心"，经常钻进牛角尖里而无法自拔，很难获得真正的快乐。

我的同事小李有个6岁的儿子，他叫晨晨，我平时经常听到小李说自己儿子的种种搞笑的、可爱的事情。小李应该算是个尽职尽责的家长，她对与孩子有关的事情总是特别上心。一切对孩子有利的活动，她都积极地带孩子参与。我们大家都说她应该获得"最佳妈妈"的称号。

某个周一，小李上班时心不在焉，情绪低落。我便问她："怎么了？今天这么没精打采的。"小李好像终于找到了发泄口，开始滔滔不绝地抱怨……

原来，小李周日参加了一个活动，在活动中认识了几个宝妈，便和宝妈们一起聊起了孩子。其中，一个3岁孩子的妈妈说自己的孩子已经懂得了很多知识，会背很多古诗词，还会讲一些成语故事；另一个5岁孩子的妈妈说自己的孩子已经掌握了一年级的全部课程。

小李在惊讶之余，感觉自己的儿子跟人家一比相差得太多了。活动还没结束，她就开始惦记回家要好好教育孩子。

回家之后，小李自然没好气儿，正好又看到孩子在那里摆弄玩具，便不耐烦地说："你知道妈妈今天听到了什么吗？"

晨晨看妈妈有点儿不高兴，便小心翼翼地摇摇头。小李看儿子胆小的样子更生气了，说："别人家的孩子，有的3岁就能背很多古诗，有的5岁就会一年级的知识了。你再看看你，你几岁了？你会什么？"

晨晨小声地说："我6岁了。我会玩乐高、会画画。我还会数到100……"没等晨晨说完，小李就大声地说："你会玩乐高，你就会玩！玩玩玩，玩那些有什么用？上学的时候又不考那些东西。你都6岁了，马上就要上学了，连十以内的加减法都不熟练呢。你说说，你也没学点儿好！"

晨晨也有点儿生气了，很不服气地对妈妈说："我怎么没学好了？你就会拿我跟别人比。"

小李见晨晨还不服气，便更加生气地说："你怎么不想想我为什么比？人家比你小的孩子都比你会得多，我能不比吗？！"

晨晨说："那还有比我差的孩子呢。"小李一听这话更加火冒三丈："你只跟差的比，怎么不跟人家好的比？跟人家那个3岁的小孩比起来，你简直就是个笨蛋！"

晨晨听了又伤心又生气，对小李怒吼："是，我是笨蛋！行了吧？！"说完，晨晨跑回了自己的屋里，关上门哭了起来。小李依然愤怒地说："看你这没出息的样子！"

向我倾诉完，小李平静了许多，语气也和缓下来："其实我挺后悔的。我应该好好跟他说的，但他也不能那样跟我吼呀。他以前那么乖，现在这么不懂事了。"

我觉得小李已经意识到了自己的问题，便对她说："就是嘛，你应该好好说的。晨晨那么懂事，你非要拿他跟别人比。晨晨也有自己的优点，你拿他的缺点跟别人的优点比，肯定比不过呀。当他听到有人更优秀时，他本身就有点儿着急，你又不停打压他。再说了，你不是一直提倡现代化教育嘛，说学前不给孩子过多的压力。怎么，现在看人家的孩子提前步入学习状态了，你沉不住气了？所以说嘛，不是孩子变得不听话了，而是你忽然提高了对他的要求。"

小李听完释怀了很多，没多久就振作起来，告诉我说，她要重新规划一下晨晨的时间表。

小李原本只是想教育孩子、激励孩子，结果用错了方法。她不但伤害了孩子的自尊心，还破坏了亲子关系。所以，我们要注意呵护孩子的自尊心。

那么，我们怎样才能正确地呵护孩子的自尊心，让他们既能感受到我们的爱和肯定，又能从中受到教育呢？

1.明确表达对孩子的爱。

我们对孩子的爱都是无私的、不求回报的，但很多时候我们并不会表达内心那份深沉的爱。我们有时候会把爱转化成管教、批评、挑毛病，有时候是过分关心，什么事都干预，什么事都包办。结果，我们不但没教育好孩子，还造成了紧张的亲子关系。

错误的表达方式会让孩子怀疑父母对自己的爱。我们能否明确地表达对孩子的爱，直接决定了孩子的性格是开朗、快乐的，还是压抑、暴躁的。

日常生活中，我们不必太传统，也不要觉得会宠坏孩子。我们要多给孩子一些拥抱，多说"我爱你""爸爸妈妈好爱你呀"之类的话。我们要学会控制自己的脾气，欣赏孩子的优点，打心底里赞美孩子。我们要多抽时间陪伴孩子，陪孩子一起做他们喜欢的事情，玩他们喜欢的游戏，多和孩子一起亲近大自然。

2.孩子犯错时，我们要采取正确的批评方式。

人非圣贤，孰能无过？更何况是孩子。当孩子做错事时，我们即便再生气，也要控制自己的情绪，掌握批评的技巧，避免伤害到孩子的自尊心。

我们经常有这样的体验：当我们跟孩子好好说，慢慢讲道理不管用时，我们就会越说越激动，嗓门儿逐渐升高，慢慢讲道理就变成了痛骂，结果自然不尽如人意。

我们在批评孩子时，要就事论事，不要说着说着就拐到孩子这个个体上。我们还要做到"当日事当日毕"，今天在说这个错误，就认真地分析这一个错误，而不要把"陈年旧事"一股脑儿罗列出来。我们应该从孩子当时犯的错误出发，分析事情，指出错误所带来的后果，然后提出改进的方法，让孩子意识到自己的错误并积极地改正。当孩子为自己辩解时，我们也不要急着否定他，先认真地倾听孩子内心的想法。

很多时候，孩子的初衷是好的，只是因为他们做事的方式不对才会犯错。如果我们只是一味地否定孩子，也会打击孩子的自尊心。

3. 我们要放下自己的"权威"。

很多家庭都采取命令式的教育方式，父母喜欢用自己的权威身份对孩子下命令，喜欢唯我独尊。这样很容易挫伤孩子的自尊心，让孩子变得没有主见，使孩子的天性得不到释放，这对他们的性格发展极其不利。其实，我们可以把孩子当作自己的朋友，用对待朋友的方式对待孩子，不要总想着管教孩子，而是要思考怎样才能和孩子维护好关系。

对于孩子的事情，我们不要过多地干涉，应尝试站在孩子的角度理解孩子的所作所为。

在日常生活中，我们尽量不用命令式的语气，多用征求式的语气，或者用提建议的方式教育孩子。比如，当孩子不认真写作业时，我们可以把"快点儿写""再不写作业就别想出门"之类的话换成"咱们一小时内写完作业就能出去玩了"，或者"我建议你专心写作业，这样你就能早点儿出去玩了"。没有人喜欢被批评、被命令，所以，我们一定要收起自己的权威，真诚、平等地跟孩子交流，让孩子在与我们的交流中自然地感受到我们对他的尊重。

4. 给孩子足够的自尊。

每个人都有自身的优势，我们要多关注孩子的优点，多鼓励和称赞孩子。不要动不动就说"你肯定不行""你怎么这么笨"之类的话，否则很容易挫伤孩子的自尊心，打击孩子的自信心。

我们也不要总拿自己的孩子跟别人比，千万不要说"你看人家多有出息""人家都比你强""你差太多了"之类的话，这些话最容易伤害孩子的自尊心。我们更不要因为自己的孩子不如别人，觉得没面子就对孩子冷落和嘲讽，说出嫌弃他的话，做出厌烦他的动作。

我们要"佛系"一些，淡定一些，不要攀比，尊重孩子的成长。在大庭广众之下，我们要多表扬自己的孩子，不要嘲笑孩子，在外人面前要"无条件"地维护自己的孩子。对于孩子的缺点、不足，回到家，关上门，再认真坦诚地给孩子讲。

5. 让孩子自由表现。

我们教育孩子的同时要给孩子足够的自由发挥的空间。当孩子想要表达时，我们要耐心倾听；当孩子想要表现时，我们不要阻拦孩子，要让孩子自由发挥，充分地释放他们的天性。让孩子自由地表现，孩子才会感受到家人给予的尊重。

在外面，孩子想要表现时，我们不要怕孩子出错或出丑，要坚定地站在孩子身边，鼓舞孩子自由地表现，并对于孩子表现好的地方多给予表扬。在日常生活中，孩子有任何好的表现时，我们都不要吝啬对孩子的称赞。

健康的自尊心可以让孩子坦然地接受别人的批评，从而客观地分析原因，认真地自我反省，从他人身上汲取有益的部分，摒弃无益的部分。可以说，健康的自尊心是孩子成长道路上有力的助推器。

我们要呵护孩子的自尊心，让孩子对自己有正确的认知。这样，孩子在受到别人的称赞时就不会骄傲，在受到别人的歧视时也不会愤怒、不服气。因此，我们要让孩子在生活实践中树立正确的人生观、价值观、世界观，成为更自信、更优秀的人。

培养孩子的勇气与责任心

世界上有很多物种，有的物种仍然保留着几亿年前的样子，而我们人类从最原始的时代发展到现在的科技时代，生活方式发生了翻天覆地的变化。在这个发展过程中，勇气的重要性毋庸置疑。勇气是生命的动力，我们的祖先正是因为有勇气，才会不断地探索，不断地创新，虽然付出过沉痛的代价，但也取得了很多伟大的成果。

孔孟思想让很多人形成了一种内敛、含蓄、谦卑的性格，但在竞争激烈的当今社会，越来越需要一些有勇气、敢说敢干、有责任心的人。

如果说人生是一个战场，那么在未来的战场上，我们的孩子就是主角。一个没有勇气的孩子，在战场上无法向困难发起挑战，更无法超越自己。一个没有责任心的孩子，将来又怎么做到对自己负责，对家庭负责，从而对整个社会负责呢？

勇气和责任心是帮助孩子面对世界的精神力量，孩子的勇气和责任心并不是一朝一夕就能形成的，需要我们的耐心培养。

孩子对未知世界总是充满好奇，但很多时候又瞻前顾后，不敢迈出脚步。这时，就需要我们在培养孩子时寻找一些方法，鼓励孩子去冒险，和孩子一起分析需要注意的事项，让孩子对自己充满信心。

我们不得不承认，很多时候由于缺乏勇气，我们在现实面前选择了逃避或妥协。但人类之所以能不断地进步，就是因为人类有挑战现实的勇气。我们一代一代延续，如果我们的孩子比我们更勇敢一些，也许他们可以超越我们，打破重重迷雾，勇往直前，而人类也能得以继续发展和进步。

那么，我们应该如何培养孩子的勇气呢？

1. 培养孩子的勇气，要从生活中的小事做起。

为什么孩子会缺乏勇气呢？这主要是受家庭环境的影响。有时候，我们在教育的过程中喜欢采取包办、恐吓、批评、惩罚的方式，轻则责骂孩子，重则把孩子关在小黑屋里，甚至拿妖魔鬼怪吓唬孩子。

面对这些，孩子或许会因为屈服而变得听话，但这些方式在孩子心里留下的阴影是很难消除的。孩子为了不挨骂、不受惩罚，面对很多事情时就会选择退缩。长此以往，他们会因为害怕而逃避，因为没有自信而早早放弃。所以，我们要以此为戒，不要为了孩子一时的乖顺而扼杀了他们的勇气。

2. 不要逼迫孩子去面对。

孩子见到熟人忘记打招呼时，我们可能会说"赶紧叫人"；孩子不敢和别人交流时，我们可能会说"这有什么不敢的"；孩子不敢玩挑战性的游戏时，我们可能会说"人家都敢，就你不敢"；等等。

不同的孩子对新鲜事物的表现不一样，有的孩子自来熟，有的孩子则需要有个适应的时间。我们不要过于着急，更不要强迫孩子做某件事。这样只会让他们更紧张，更容易做错事，以后遇到同样的事情时变得更不敢做。

如果想让孩子做某件事，最好先帮助他们提前熟悉一下陌生的环境和人。如果他们有了充分的心理准备，自然就会满怀自信地去尝试。切记，千万不要用拔苗助长的方式逼迫孩子。

3. 不要嘲笑孩子。

当孩子画了一幅我们完全看不懂的画时，当孩子认真地做了一件我们认为很一般的手工时，当孩子说出一些天马行空的想法时，我们应该第一时间给予肯定和欣赏。

我们脸上呈现出的欣喜神情和口中说出的略带佩服的称赞语言，都会为孩子带来无穷的勇气和自信。不过，我们也不能一味地夸赞孩子，否则，孩子会骄傲而认不清自我。当孩子并没有达到我们的预期时，我们也同样可以鼓励孩子，鼓励他们改进方法，让孩子不要怕做不好，也不要怕失败。

4.培养孩子的勇气，我们要以身作则，亲自示范。

孩子怕与人接触，我们可以陪孩子一起多与别人接触；孩子怕黑，我们可以多带孩子去航天馆观察星空和宇宙，让他们理解黑暗的意义和另一种美；孩子怕毛毛虫，我们可以亲自抓一只，带领孩子一起观察毛毛虫的蜕变过程……

多带孩子体验不同的事物，让他们感受因为勇敢而带来的进步和满足感。当孩子能用不寻常的方式处理问题时，即使他们的做法没有那么完美，效果也不尽如人意，我们也要予以充分的肯定和赞美。

在培养孩子的过程中，培养孩子的责任心也是同样重要的。很多孩子并不缺乏勇气，相反，他们有的往往只是不经大脑思考、不顾及后果的匹夫之勇。所以，我们在培养孩子勇气的同时，也要注重对孩子责任心的培养。

那么，我们应该如何培养孩子的责任心呢？

1.让孩子学会对自己负责。

我们可以根据孩子的年龄，耐心地引导孩子，让孩子逐渐学会处理自己的事情。我们可以让孩子先从小事做起，学会自己洗衣服，自己打扫房间，自己做饭，自己完成作业。

我们经常会看到这样的画面：有的孩子总是到学校后才发现忘记带作业本，有的孩子回到家才想起来没有认真听老师布置的作业，有的孩子出门总是忘记带钥匙……

这些都是责任心欠缺的表现。我们要有意识地锻炼孩子，不能因为怕孩子被老师惩罚而赶紧给他们送作业本，不能因为孩子忘记带钥匙进不了家门而赶紧回家给他们开门。

我们不能帮孩子把事情处理得面面俱到，要让孩子承担由于他们缺乏责任心而造成的后果。孩子如果没带作业本，那就自己接受老师的惩罚；孩子如果没记住老师布置的家庭作业，那就自己想办法打听；孩子如果忘记带钥匙，那就耐心等待。我们要让孩子记得这一次的教训，孩子才不会再犯同样的错误。

2. 让孩子学会对家庭负责。

有些家长为了让孩子专心学习，什么活儿都不让孩子做，这样是不对的。孩子渐渐地长大，能帮家里做一些事情的时候，我们一定不要阻拦他们。

我们应该主动分配任务给孩子，让孩子学会负责，这样做也能培养孩子的参与感，孩子会知道一个美好的家庭离不开每一个人的付出。在这种环境下培养起来的孩子才会对家庭更有责任心，更懂得尊重家人。

3. 培养孩子的团体感、社会责任感。

除了家庭，孩子还要面对学校、面对同学和老师，将来还要走上社会。一个有团体感和责任心的孩子更容易在学习或工作中得到他人的赏识。我们应该多告诉孩子，在团队中，他们应该多做事、多帮助他人，不要认为自己付出多是吃亏，其实有时候，"吃亏"也是一种福气。

在社会上，要遵守社会公德，不违背社会准则。孩子具备了这种责任心，才能更好地与他人相处。

4. 支持孩子正确的行为。

孩子对是非的判断力还不够完善，需要我们的正确指导。父母要维护孩子正确的行为。比如，当孩子拾金不昧时，我们可以对孩子说"你做得对"；当孩子帮助朋友时，我们可以对孩子说"你真有爱心"；当有人被欺负、孩子挺身而出时，我们可以对孩子说"你真有正义感"；当孩子扶老奶奶过马路时，我们可以对孩子说"你真是一个善良的孩子"……

总之，当孩子做了正确的事情时，我们一定要及时给予孩子针对性的表扬，不要因为事情小而觉得不值一提。我们每一次的肯定，都会让责任感在孩子的心中累积。

5. 让孩子说到做到，有始有终，勇于承担后果。

孩子好奇心重，什么都想尝试，但他们往往缺乏耐心，经常半途而废。所以，我们要教育孩子，无论做什么事都要持之以恒、认真负责。在这方面，我们也要说到做到，不要轻易许下诺言，对于已经约定好的事情就要努力实现。

孩子犯错时，有些家长习惯站出来替孩子承担后果，这样做会毁了孩子。因为这样让他们不能真正意识到自己的错误，更不可能有责任感。

对于犯错的孩子，我们不要过多地指责，而是要让孩子正确地认识错误，分析造成错误的原因，让他们为自己的行为负责，并保证以后再也不犯同样的错误。

从呱呱坠地的那一刻起，孩子们就在不断地学习，不断地鼓足勇气面对这个新奇的世界。随着他们渐渐长大，他们的肩上就开始背负起各种各样不可推卸的责任。他们为了适应这个社会，不得不拿出勇气去面对这些责任。我们如果不从孩子小时候开始培养他们的勇气与责任心，将来怎么敢置他们于社会的大江大河之中呢？

培养孩子解决问题的能力

培养孩子解决问题的能力，就是培养孩子的独立性。孩子的独立性包括孩子独立行为的能力、独立思考的能力等。培养孩子的独立性，锻炼孩子解决问题的能力，是我们能够给予孩子的最好的爱。

这就相当于我们为孩子打造了一把人生的万能钥匙，让孩子不管是在学校，还是以后步入社会，都能有独立生存的能力。

我们都深爱着自己的孩子，如果可以，我们愿意为孩子做一切事情，愿意永远为孩子遮风挡雨。但是，孩子在一天天长大，总有一些事情是我们无法代替完成的。他们总有一天要独自面对人生，总有一些难题要孩子独自解决。当困难出现时，我们都希望自己的孩子能敢于面对，轻松解决。

我们在生活中不难发现，那些能够独立解决问题的人，总能绝处逢生。而那些无法面对困难、解决困难的人，经常处处碰壁，跌跌撞撞看不清人生的方向。

我们经常抱怨自己的孩子依赖性太强，抱怨他们遇到事情不爱动脑筋，喜欢直接找他人帮忙解决。

从小培养孩子独立解决问题的能力，让孩子能够自食其力，能够独立思考问题，这会对孩子的学习和生活带来深远的影响。

很多时候，我们对孩子太过宠爱。当孩子遇到一点儿小事时，他们还没来得及思考，我们就赶紧帮忙解决了。我们往往帮孩子把衣食住行等事情样样摆平，殊不知，我们这种行为正是在毁掉孩子。

这种方式培养出来的孩子，长大后不仅不能独立生存，而且缺乏责任心，还不懂得感恩，遇到事情只会推给别人，遇到麻烦只会怪罪别人。

一个不能独立解决问题的孩子，也会没有主见，遇到事情容易人云亦云。他们缺乏个性和自信，遇到什么事情都习惯回家找大人解决，自己不愿处理也不知道该如何处理事情。他们把"随便吧"当作口头禅，以为这是"佛系人生"，其实这只是一种极其无能的表现。

> 阳阳是个独生子，从小学开始一直成绩优异。他不仅学习好，生活中也没有烦恼，一切都很顺利，是很多同学羡慕的对象。
>
> 为了让阳阳集中精力好好学习，阳阳的妈妈辞掉了工作，全身心地照顾他。学习之外的任何事情，妈妈都不让阳阳参与。
>
> 吃饭时，妈妈会及时地把饭菜端到阳阳面前；作业本用完了，妈妈买；衣服脏了，妈妈洗；书桌乱了，妈妈整理；阳阳睡醒了，妈妈及时地整理被褥；甚至阳阳的牙膏都是由妈妈帮忙挤好……在妈妈事无巨细的照顾下，阳阳习惯了这种衣来伸手、饭来张口的舒适生活。
>
> 中考时，阳阳不负众望，考上了市重点高中。
>
> 开学后，阳阳和其他同学一样无比兴奋地开始了住校生活。但是很快，阳阳就遇到了烦恼。他发现自己只会学习，其他事情都做不好。
>
> 他不会洗衣服，买饭时抢不到想吃的饭菜，打热水时也总是被挤出去，买东西时也支支吾吾地说不清楚，宿舍里就他的床铺不整齐，为此他经常受到宿管的批评……
>
> 阳阳把这些苦恼告诉了妈妈，妈妈很快便在阳阳学校的附近租了一

套房子，并给阳阳办了走读，继续以往每天照顾阳阳生活的日子……

阳阳是可悲的，阳阳妈妈是辛苦的。但万事皆有因，阳阳妈妈把自己的付出用错了地方，不仅劳累了自己，更毁掉了孩子。虽然阳阳目前的问题得到了解决，将来呢？阳阳考上大学之后呢？阳阳步入社会之后呢？难不成阳阳妈妈要一直陪着他？

我们经常从媒体上看到一些勤工俭学的大学生，还有很多留守儿童，一边照顾家里的老人，一边努力学习成才。或许我们的孩子并不需要那么辛苦，我们也不需要小小年纪的他们来照顾老人，但自己的事情总应该自己完成。"授人以鱼，不如授人以渔"，我们要让孩子拥有独立解决问题的能力。

那么，我们应该如何培养孩子解决问题的能力呢？

1. 学会肯定和鼓励孩子。

孩子不是完美的，我们对孩子适当地进行批评或惩罚是可以的。但是，批评和惩罚只适用于特殊情况，不应该成为常态化。在正常情况下，我们要鼓励和支持孩子。

有的孩子在遇到困难时，总是习惯性地寻求帮助。这时，我们可能会恨铁不成钢地说："你怎么什么都不会？你怎么这么笨？"这样说肯定会挫伤孩子的积极性和自信心。我们应该心平气和地对孩子说："好好想想，我相信你肯定能想到办法的。"

我们还可以给予孩子适当的协助，让孩子自己尝试做，失败了也没关系，我们要鼓励孩子找到失败的原因，并逐一解决其中的问题。千万不要说"这都做不好""我就知道你不行"之类的中伤孩子的话。

在日常生活中，我们要多观察，发现孩子有进步时，就及时给予肯定，让孩子体验到成就感和被重视感。

2. 尊重孩子的决定。

每个孩子都是一个个体，不是我们的附属品。在面对一些事情时，孩子可能会做出只对自己有益的决定。而通过我们的指导，孩子往往就能做出更合理的决定。

即使孩子做出的决定不能达到我们的期望值，我们也要尊重孩子的决定。我们一定要言而有信，不能既给予了孩子选择的权利，又对孩子做出的决定不予采纳。否则，我们在孩子心中就失去了诚信。

我们不要怕孩子做出错误的决定，因为错误的决定会给孩子带来难忘的教训。有时候，一次教训比我们无数次的说教要管用得多。

3. 培养孩子的自信心。

很多孩子会因为独立生活能力差而缺乏自信，那么，我们可以先从生活方面抓起，让孩子学会自己的事情自己做。

孩子不会做的事情可以慢慢学，一边学一边做。当他们学会做某件事情时，他们就能从中体会到成就感，从而增强自己的自信心。

孩子有了自信心就会更愿意自己动手，这就形成了一个良性循环。长此以往，他们独立生活的能力会逐步提高，自信心也会逐渐增强，自己解决事情的能力自然就会提高。

4. 不要过多地参与孩子的事情。

孩子在成长的道路上，会接触到很多人，而人与人之间难免会有摩擦。当孩子之间发生摩擦时，我们不要过多参与。否则，孩子在遇到事情时，就会一味地希望我们帮他们摆平。

我们在孩子告状时可以说一句："我觉得你可以自己解决。"但也不要完全不管。

在孩子们自己解决问题时，我们要多观察孩子之间的反应，看孩子是如何去做的，观察问题有没有得到解决。对于孩子实在解决不了的问题，我们可以在旁提一些建议。

5. 对孩子进行一些挫折教育。

孩子遇到事情时不爱动脑，习惯依靠别人，这其实是经不起挫折的表现。因此，我们在帮助孩子培养勇气和自信的同时还应该多进行一些挫折教育。

耐挫折的能力是随着知识和经验的积累而增长的，我们可以让孩子多读一些增强意志力，不怕挫折、不怕输等题材的书，多让孩子看一些名人传记。我们在网络上看到有关自立自强的人物报道时，也可以和孩子一起探讨学习。

6. 教给孩子处理事情的方法。

在培养孩子处理事情的能力之前，我们应该告诉孩子遇到事情时一些基本的处理方法。比如，随着季节的变化，我们可以教孩子自己增加或减少衣服；孩子的书桌容易乱，我们可以教孩子学会分类摆放；孩子感冒了，我们可以教孩子学会正确地吃药；孩子学习做饭时，我们可以教孩子正确使用刀具、锅具的方法，以及各种调料的使用方法……

孩子只有掌握了基本的处理事情的办法，才能在遇到事情时从容不迫。

我们可以培养孩子独立思考的能力，让孩子体会独立完成一件事的成就感，从而慢慢脱离对我们的依赖。

孩子独立处理事情的能力不是一时半会儿就能学会的，需要家长在日常生活中慢慢引导。可以让孩子通过整理自己的东西、做家务、多阅读等方式进行锻炼，让孩子逐步减少对我们的依赖。这样，孩子步入社会时，才能轻松地应对遇到的困难，才会走得更远。

帮助孩子树立积极正确的价值观

为孩子树立积极正确的价值观，对孩子的人生道路有着至关重要的影响。

在培养孩子积极正确的价值观上，社会、学校、家庭都有责任，尤其是家庭方面的责任更重大。我们要用自己的行为做表率，用有效的方法做基础，用深入的交流做补充，引导孩子树立正确的人生观、价值观，加强孩子的思想道德建设，从而端正孩子人生道路的方向。

为孩子树立正确的价值观不是一件简单的事。我们要想成功，就要自己做好榜样，还要经常和孩子探讨价值观方面的话题。这样，孩子的头脑里就会有一个简单的价值观的概念，明白什么是对的，什么是错的；什么是善的，什么是恶的；什么是高尚的，什么是低俗的，从而渐渐形成正确的价值观。

让孩子从小形成正确的价值观是我们的职责。对于孩子的一些好的行为，我们一定要予以肯定和表扬；对于孩子的一些不好的行为，我们一定要予以指正和约束；对于孩子的一些错误的行为，我们一定要予以批评或惩罚。对于身边发生的各种现象，我们可以告诉孩子哪些是对，哪些是错；哪些是真，哪些是假。让孩子从小就知道哪些事情可以做，哪些事情不能做，哪些事情连想都不能想。

随着经济的蓬勃发展，人们的生活水平都有了很大的提高。正处于青春期、叛逆期、没有经受过历练的孩子，很容易被社会上的一些纸醉金迷的不良风气所侵染，一味地追求所谓的刺激，追求时髦、潮流，以标新立异作为自己张扬个性的方式，通过消费满足自己的虚荣心。

他们不能正确认识金钱的价值，体会不到血汗钱的来之不易，也不能理性消费，还会把节俭、谦卑、自强、好学等美德当成是"土老帽"和"迂腐"的表现，并对此嗤之以鼻。

俗话说，养不教，父之过。孩子养成这样的价值观，根本原因还是在于家庭教育。因此，我们应先从自身寻找原因，和孩子好好沟通。在让孩子的物质生活得到满足的同时，还要满足孩子精神世界的需求。

> 阿南是个留守儿童，父母常年在外工作，家里的爷爷奶奶也已年迈，所以阿南长期处于缺乏管教的状态。父母觉得亏欠孩子，所以每次不管阿南提出什么要求，都会尽量地满足他。爷爷奶奶也觉得孩子没有父母陪在身边，比同龄人可怜，家务也不让阿南做。只要阿南不惹是生非，爷爷奶奶就一切都随着他的性子。
>
> 阿南不爱学习，一上课就睡觉，业余生活全都被电视、网络和游戏占据了。他平时给父母打电话时，不是要名牌衣服，就是要电子产品。父母叮嘱阿南好好学习，多帮助爷爷奶奶做些家务，结果阿南却说："你们管好自己就好了。"
>
> 阿南妈妈告诉我这些时，一脸的后悔与无奈。她说如果时间可以倒流，她宁可少挣点儿钱，也要好好教育孩子。我告诉阿南的妈妈，一切还来得及。
>
> 阿南妈妈按照我说的，只要有时间就把孩子接来，带孩子看看城

市里的人生百态，并且有空就和孩子一起阅读。我向他们推荐了一些书，比如《弟子规》《论语》《中华文明五千年》《中国革命历史故事》等，阿南妈妈可以利用吃饭、散步的时间和孩子一起探讨书里面的故事。

一个学期过去了，阿南妈妈告诉我，孩子现在的变化太大了。他现在穿衣服不追求名牌了，在家主动帮助大人做家务，也爱读书了。他不但语文成绩提高了，还学会了感恩，知道了父母的不容易。现在也经常跟父母打电话，懂得关心父母了。

每个孩子出生时都是一张白纸，需要父母慢慢勾画，帮助他们树立正确的价值观。但大多数的父母往往只关注孩子的分数，为了让孩子无后顾之忧而为孩子包办一切。

为什么现在未成年人犯罪的案件越来越多？为什么有的孩子遇到困难就走向极端？为什么有的孩子跟父母稍有不和就离家出走？为什么有的孩子为了一时的利益而出卖自己的朋友？这些都值得我们深思。

正确的价值观是人生道路上的指南针，能帮孩子找到最好的、最适合自己的那条路。那么，我们应该如何为孩子树立积极正确的人生价值观呢？

1. 正确引导孩子的行为。

在孩子做出充满正能量的事情时，我们要给予赞美和表扬；在孩子做出违背思想道德、社会准则的事情时，我们要给予批评和惩罚；当孩子对一件事情不能正确地分辨善恶时，我们要及时地给予分析和指正。

比如，在等红绿灯时，如果有人闯红灯，我们可以告诉孩子这是不遵守交通规则的表现；当有人随便插队时，我们可以告诉孩子，在公众场合不遵守秩序的人会遭到别人的白眼；在坐公交车时，我们可以告诉孩子应该主动给老弱病残孕让座；在图书馆、电影院等公众场合时，我们可以告诉孩子不能大声喧哗；如果在路上遇到乞讨者，孩子可能会犹豫要不要帮助他，我们可以告诉孩子，如果看到的乞讨者是个年纪轻轻、四肢健全的人，那么你就不必帮助他，因为他完全有能力挣钱养活自己，如果看到的乞讨者是残疾人或者年迈的老人，你可以在力所能及的情况下给予他们帮助……

2. 用自己的经历说服孩子。

我们总是听长辈分享自己的人生经验，因为"他们经过的桥，比我们走过的路都要多"。同样，我们也可以把我们自己的一些经历告诉孩子，让孩子从中获取正确的价值观。但是，千万不要唠叨，也不必夸大故事的细节。比如，我们想让孩子好好学习的时候，就可以把自己当年的学习经历告诉孩子：我们如果当时刻苦学习了，就告诉孩子刻苦学习带来的积极作用；我们如果当时没有好好学习，就告诉孩子因为不好好学习而产生的不良后果。

我们可以多给孩子讲讲自己小时候的经历，将我们的得失告诉孩子，让孩子以此为鉴。

3. 制定规章制度，奖罚分明。

生活中有各种各样的规则，因为这些规则，人们才能健康、稳定地共同生活在社会这个大家庭里。

我们教育孩子可以从树立一些小规则开始，比如，在外玩耍时不能干扰到他人；在家里不能有打球、踢球等影响邻居的行为；吃饭时要细嚼慢咽，不敲碗、抖腿，不影响他人；对所有帮助过我们的人都要说谢谢；出门不随便要东西，得不到想要的东西时不能硬抢或者发脾气……

当孩子犯了错，违背了这些规则时，我们要简单明了地告诉他们为什么错了，然后适当地进行惩罚。惩罚的方式要与犯错的严重程度相匹配。我们可以通过规则意识的培养，让孩子对规则有切身的感受。良好的规则意识不仅能保证孩子现在的生活、学习有序进行，还能为孩子将来步入社会奠定良好的基础。

4. 我们要提高自身的修养。

教育者必先受教育，我们是孩子的启蒙老师，必须不断提高自身的修养，才能更好地教育孩子。我们可以想象，一对价值观扭曲、道德素质低下的父母，怎么可能教出一个拥有正确的价值观的孩子呢？

价值观并不是固定的，人们在每个阶段都有不同的价值观，每个人也都有属于自己的价值观。所以，我们也需要不断学习、不断提高，做一个合格、优秀的家长。

5. 让孩子树立正确的消费观念。

现在普遍是独生子女家庭，孩子集一家人的宠爱于一身，想要什么，家长就给买什么。其实，树立正确的消费观念也是树立正确的价值观的一方面。我们可以让孩子了解一下家庭的经济情况，了解父母的工作，让孩子体会挣钱的不容易。

我们可以对孩子实行限制开支的方式，让孩子学会节约和规划。如果孩子花费超支，我们应该批评这种做法，坚决不能通融。比如，孩子把一个月的零花钱在短短几天内花完了，那他就应该承受这个月的剩余时间里没有零花钱的后果；孩子用坐公交车的钱买了零食，那他就应该承受步行上下学的后果。

我们可以指导孩子有规划地进行消费，孩子花钱适当时要鼓励，反之就要批评。孩子一旦形成了正确的消费观念，就不会轻易地被那些铺张浪费、攀比摆阔的现象影响。

6. 让孩子多参加一些有意义的活动。

孩子多参加活动，不仅可以收获快乐，更能增长见识，变得成熟懂事。

在学校里，孩子可以通过竞选班干部，组织、参加各种学校活动等方式培养竞争、拼搏的观念。我们可以让孩子平时多做有意义的事情，多参加公益活动，多帮助需要帮助的人，让孩子多接触有正能量的圈子。

孩子在成长过程中会遇到各种各样的人，不同的人会对孩子产生不同的影响。我们要多关心孩子，如果孩子遇到积极的人，我们可以让孩子多与之接触；如果孩子遇到消极的人，我们应该及时干预。

在引导孩子树立正确的价值观的过程中，我们要帮助孩子透过现象看本质，和孩子一起认识规律，遵循规则，分辨善恶，从而避免被社会上的某些负能量所迷惑和诱导。

P art 4

保护自己，从小事做起

注意自我信息的保护

生活中，我们经常会有这种体验：孩子刚出生，照相馆的电话就打来了，问我们要不要给孩子拍百天照；孩子刚满一岁，早教机构的电话就打来了，问我们要不要给孩子报早教班；孩子刚上小学，各种培训机构的电话就打来了，问我们要不要给孩子报辅导班；我们刚要买车，保险公司的电话就打来了，问我们要不要上保险；我们刚在网上看了某样产品，就有人打来电话，问我们有没有相关需求；我们刚填写了某种市场调查，就有各种各样的诈骗电话打来……这都是因为我们的信息遭到了泄露。

随着社会网络化和信息化进程的不断加深，个人信息泄露的风险也逐渐增加。个人信息的安全问题越来越引起人们的重视。

现在正值教育模式改革的时期，尤其近两年，新冠肺炎疫情大暴发后，全国的学生都在家里上网课。各种各样的线上教育机构应运而生，孩子们每天在网络上的时间也大大增加，这导致那些利用获取的信息谋取利益的诈骗案件越来越多。所以，孩子的个人信息安全形势也日益严峻，逐渐成为我们家庭教育环节中的一部分。

个人信息主要是指存储在个人手机、电脑或网络上的与个人利益有关的信息，包括姓名、性别、电话、家庭住址、身份证号、邮箱号、QQ号、微信号等基本信息；还有一些涉及资金安全的信息，包括银行卡信息、支付宝信息等；还有一些不愿让他人知道的照片、视频、音频、网页浏览记录、聊天记录、文档等个人隐私信息。

我们的生活与网络息息相关。我们在使用网络进行日常沟通交流、娱乐消费、查资料，以及使用各种学习的 APP 或小程序时，一般都要填写个人信息。有的时候，我们还需要填写身份证号进行身份验证。

我们的个人信息存储在网络上，这就为我们的信息安全带来了一定的隐患。个人信息一旦遭到泄露就会带来诸多烦恼，轻则不停地接收没用的短信和各种各样的骚扰电话，重则影响个人及家庭的人身财产安全，如遭到敲诈、盗窃、抢劫等，更严重的还会威胁国家的安全。所以，我们要告诉孩子，一定要注意个人信息的保护。

　　王小朵和班里的几个同学相约周日一起逛古街。

　　周日这天，王小朵早早地起床，吃完饭便出门了。出门之前，妈妈一再地叮嘱王小朵："注意安全，注意车辆，别一个人乱跑，要和同学们一起，千万要小心……"

　　王小朵很听话，出门后就按照妈妈说的做。她过马路看红绿灯，有序地上下公交车，在路上不随便和陌生人说话。很快，王小朵就在古街口和同学们相聚了。

　　他们有说有笑地逛着古街，品着美食，看各种各样的小商品，觉得有意思极了。正当他们玩得开心时，面前出现了两个人。

　　那两个人手里拿着很多漂亮的毛绒玩具，对王小朵他们说："同学们，帮我们做个市场调查吧？"

　　同学们觉得没意思，便摇摇头，那人又说："这不会耽误大家太多时间的，你们就填一下基本信息就好了。"

同学们还是不太情愿，但也不像一开始那么坚决了，那人一看便接着说："同学们帮一下忙吧，我们今天的任务量还没完成呢。拜托大家了，同学们填完都可以领一个自己喜欢的毛绒玩具。"

这时，其中的一位同学说："咱们也没什么损失，就填一下吧。"然后，大家一人拿了一张表，填上了个人信息，并一人领了一个毛绒玩具，高高兴兴地走了。

王小朵的妈妈正在家里做家务，这时，有一个电话打来。王小朵妈妈刚接过电话，就听到电话那头紧张又急切的声音："你好，你是王小朵家长吗？王小朵出事了，你先别慌。我们现在已经把她送到医院了，医生正在抢救。我现在需要为她交手术费，你赶紧把手术费给我转来吧。我去办理，稍后我给你发过去我的账号信息。"

王小朵妈妈拿着电话的手开始颤抖，她两腿发软，都要站不住了，整个人完全蒙了。这时，短信来了，王小朵妈妈赶紧往那个账号里打钱。由于她太紧张了，总是输入错误，她告诉自己不要慌、不要慌。

冷静下来之后，王小朵妈妈赶紧给女儿的智能手表打电话。这时王小朵正在热闹的街上闲逛，完全听不到电话响。

王小朵妈妈见电话打不通，更绝望了，赶紧回拨了刚才那个电话："你好，我女儿现在在哪个医院？我现在就过去。"

电话那头支支吾吾地说："你不用着急来，现在着急来也没用，最主要的是先把手术费交了。"

冷静下来的王小朵妈妈觉得有点儿不对劲，便说："行，我先把钱转过去，你给我发来医院地址，我马上就过去。"电话那头一听马上转钱，便匆匆答应了。

王小朵妈妈等了几分钟才收到短信："怎么还没到账？"王小朵妈妈一看，便断定这是诈骗电话了。

正好这时，王小朵的电话也打来了："妈妈，你给我打电话了？我现在正要回家呢。"妈妈说："没事，你快回来吧，我给你做好吃的。"同时，王小朵妈妈立刻报警举报了这个电话号码。

王小朵回家之后，妈妈把这件事告诉了她。王小朵赶紧打电话问了其他同学，幸好，其他人的家长没接到这样的电话。

王小朵暗暗地想：以后我可一定要保护好自己的信息，一定要吃一堑，长一智。

现在，针对个人信息保护的法规与制度还不够完善，导致个人信息经常被人倒卖或泄露，被害者却难以追究责任。再加上有些公司或商家的信息安全管理意识淡薄，管理措施不到位，管理制度不健全，造成客户信息泄露或被别有用心之人窃取。而且，很大一部分人缺乏信息安全保护意识，随意接受所谓的"问卷调查"或抽奖活动，随意填写个人信息。

生活中，我们在办理各种卡时都要填写个人信息，登录网站注册会员时不经意间就会泄露个人信息，上网未安装网络防火墙导致电脑中病毒等行为也容易导致个人信息泄露。我们一定要告诉孩子这些常识，让孩子提高警惕，维护好自己的信息安全。

那么，我们应该如何教孩子保护自己的个人信息呢？

1. 让孩子意识到问题的严重性。

生活中，我们总喜欢唠叨。孩子在我们不停地唠叨下，就会产生抗拒心理。我们越让他们小心什么，他们越不在乎什么，孩子们总觉得我们小题大做。

面对这种情况，我们要学会适度地叮嘱，对孩子的叮嘱要有针对性，不要把所有的注意事项一股脑儿地唠叨一遍，我们要一针见血地指出有些行为可能带来的危害。

我们可以告诉孩子，姓名、电话、家庭住址、家庭成员信息、各种账号、密码都是需要保护的信息，我们如果不小心把这些信息泄露出去，就很容易受到他人的骚扰，给自己和家人的生活带来烦恼，严重的时候还会危及我们的人身财产安全。我们可以给孩子举一些例子，摆出事实，让孩子明白保护个人信息的重要性。

2.让孩子养成良好的信息管理习惯。

现在的人们都离不开网络，随着孩子年龄的增长，他们也会越来越多地接触网络。

在孩子上网时，我们一定要让他们养成良好的习惯。比如，在浏览各种网页时不随意填写个人信息，不随便注册账号；不访问不安全、不文明的网站，不随便登录各种社交平台；不跟不认识的人分享自己的信息和隐私，尽量不在 QQ、微信上发布个人的视频、图片等涉及个人隐私的信息。除了网络，孩子在生活中也有很多需要注意的地方。我们可以告诉孩子，不要贪小便宜，否则会吃大亏。

对一些填写个人信息就能抽奖或者给小礼品的调查问卷，孩子都要警惕，尽量不去凑热闹。我们要让孩子记住，世上没有免费的午餐，只有靠自己的努力得到的东西，我们才能踏实地拥有。

3.注意生活中的小细节。

不法分子窃取信息的方式是多种多样的，我们无法得知。所以，生活中我们就要教孩子做到时刻谨记保护个人信息。

收到了快递，要把单据撕毁后再丢弃快递箱；不用的手机号，要尽量在注销后把卡剪坏再丢弃；不用的银行卡也要剪卡后再丢弃；不用的含有个人信息的纸张、报名表等也要撕毁后再丢弃……

生活中，还要注意对身份证、学生证、借书卡等含有个人信息证件的保护，凡事多长个心眼，做个有心人。

孩子学会了保护个人信息，才能保证自身的基本权益和人身安全。同时，我们也要学会保护孩子的个人信息。

当遇到收集孩子信息的情况时，我们也要提高警惕，仔细分辨真假。面对一些商家的诱惑时，我们更要擦亮眼睛，不被"小便宜"蒙蔽双眼。在一些沟通交流平台上，我们也要注意，不要过度"晒娃"，不随便把孩子的个人信息、兴趣爱好、生活习惯、所在学校、行程活动等传到网上。

我们要提高自身的信息安全素养，重视孩子的个人信息安全问题，帮助孩子把好信息安全的第一关。

上网、玩游戏要适度

现在，孩子们的生活已经离不开网络了。随着各种线上教育的普及，孩子们被网络占据的时间越来越多。

网络是把"双刃剑"，有的孩子在网络世界里可以学到更多知识，拓宽自己的视野；有的孩子在网络世界里没有抵挡住不良诱惑，从此沉迷网络而无法自拔。孩子们的价值观还没有完全形成，分辨善恶是非的能力也不健全。这时候，就需要我们帮助孩子，让孩子既能了解丰富多彩的网络世界，同时又不会在网络世界里沉沦和迷茫。

我们经常听到青少年沉迷网络的新闻报道。有的孩子沉迷网吧，几天几夜不回家；有的孩子玩游戏上瘾，为此逃课、旷课；有的孩子为了往游戏里充钱，想方设法地偷家里的钱；有的孩子沉迷于网络直播，幻想能一夜暴富，一夜成名；有的孩子为了打赏主播，把父母的血汗钱都砸了进去……

这些孩子在网络中已经严重地迷失了方向。孩子长期沉迷于网络，十分不利于他们的身心健康和价值观的形成。

当孩子沉迷网络游戏时，我们要先分析孩子沉迷的原因。是不是因为孩子在生活中有哪些方面的缺失？很多孩子喜欢玩游戏，是因为游戏能满足他们的成就感、安全感、集体感、归属感、被重视感等。他们在家庭或学校里得不到这样的感受，所以就会去游戏中寻找。

孩子们反常的行为都是有原因的，当找到原因后，我们就要有针对性地帮助孩子。比如，如果孩子缺乏被重视感，我们可以想一下，我们在生活中是不是太忽略孩子了？是不是我们陪伴孩子的时间太少了？孩子在家里时是不是经常受到不公平对待，经常被压迫？如果是，那我们就要多抽出时间陪陪孩子，多给他们一些关爱。

孩子如果在家庭中感受到了这种被重视的感觉，就不需要去游戏里寻找了。孩子的问题并不是游戏或者网络带来的，而是家庭教育出现了问题，让孩子不得不逃到游戏中。

一年前，李强的父母外出打工。从此，李强跟着爷爷奶奶一起生活。

李强原本生活在幸福的三口之家，爸爸妈妈对他非常宠爱，同学和老师对他也非常喜爱，他是人人称赞的品学兼优的好学生。可是，自从留守在家之后，李强就变得沉默寡言。他上课时不再积极回答老师提出的问题，班级组织的活动也不再积极地参与，上下学路上总喜欢一个人走，不再跟同学们结伴。回到家后，他跟爷爷奶奶打完招呼就走进自己的房间，只有吃饭的时候才会出来。

生活就这么平静地过着，直到半年前的一天，老师突然的家访打破了这种平静。

老师来到家里，对爷爷奶奶说："李强这半年来变化很大。他上课积极性不高，作业经常不能按时完成，这次期末考试，他的成绩下降得很严重。尤其是最近，他总是隔三岔五地请假，家里是不是有事？您二老是生病了吗？"

爷爷奶奶一听便紧张起来，着急地说："没有呀，家里什么事都没有。孩子平时的表现看着都很正常，他每天早早地起床去上学，到了放学的时间就回来了。老师，是不是孩子出了什么事？"

老师宽慰地说："您二老先别着急，孩子应该没事。我只是了解一下情况，孩子平时放学回来都做些什么？"爷爷奶奶说："他回来吃完饭就回自己屋里写作业、学习，这孩子很听话，从没让我们生过气。"

老师说："那好吧，回头我开导开导他，问问他请假都去做什么了。您二老也多关心一下孩子，别总让孩子闷在屋里学习。"爷爷奶奶一边答应着老师，一边把老师送出了门外。

隔了两天，李强又要请假，老师说："李强，你是不是遇到什么麻烦了？老师可以帮助你。"李强说："谢谢老师，不用了。家里有点儿事，我可以处理。"

老师知道李强在撒谎，便直截了当地说："李强，昨天我去你家家访了，我知道你在撒谎。我觉得你可以信任老师，告诉老师，你请假都去做什么了？"

李强面露尴尬，一时间不知道说什么好。这时老师又说："老师觉得你这半年来，心思不在学习上了，人也变得没精打采的。我很想念以前的那个你，你以前又热情又活泼，身上总有一股子劲儿，让人感觉你很阳光、很积极。"

李强忽然有种委屈涌上心头，不禁红了眼眶，对老师说："我觉得生活很无趣，学习也很枯燥，我现在只有打游戏时才觉得有点儿意思。"

老师听完后便明白了，说："所以，你请假是去玩游戏了？"李强点点头，老师继续说："自从你爸妈去外地之后，你便沉默了很多。

老师明白你的心思，但你也要明白，虽然爸妈不在身边，但这不代表他们不爱你了。他们为了能让你有好的生活而在外奔波，因为担心你而辗转难眠。你知道吗，你爸妈经常给老师打电话，关心你的学习情况，关心你在学校是否快乐。"

李强听了很惊讶。这半年来，他一直认为自己是被丢弃的孩子，是"爹不疼，娘不要"的孩子。

老师见状继续说："你的父母很爱你，你也很爱你的父母。你既然爱他们，就好好学习，用成绩来回报他们，不要经不起诱惑，沉迷于网络。那样下去，不仅会让你的家人难过，也是对你自己的未来不负责。你的基础那么好，你只要继续保持，将来一定能考上名牌大学。"

老师跟李强聊过之后，又跟李强的父母通了电话，告诉了他们李强的现状，让他们多抽时间给孩子一些关爱。

从那之后，李强父母每天都抽出半小时跟李强视频通话，并尽量每个月回家一次。他们还跟孩子约定好，如果他的考试成绩理想的话，他寒暑假期间就可以去父母所在的城市。

之后，李强恢复了原来的状态，在半年后的期末考试中，成绩又回到了班级的前三名。

有很多家长"谈网色变"，孩子稍微接触一下网络游戏，就谨慎小心地警告并阻拦孩子。其实这大可不必，网络是一把"双刃剑"，过度沉迷网络会让孩子迷失自我，但适当玩游戏对于放松身心是有益的。

只要控制好孩子玩游戏的时间，经常与孩子沟通交流，我们会发现孩子们从游戏中也可以学到知识，还可以培养集体荣誉感、责任感、合作能力、思考能力等。所以，我们要及时地跟孩子沟通。就像李强，如果没有老师及时的开导，没有父母及时的关注，就不会那么快从游戏中脱离出来，步入正轨。

那么，我们应该如何让孩子适度地上网和玩游戏呢？

1. 制定简单明确的规则。

网络游戏一般是一步步地升级打怪，从简单到复杂，每个阶段都有一定的规则，孩子很容易从中体验到成就感和使命感。那么，在生活中，我们也可以多满足孩子这些精神需求。可以制定一些规则，当孩子按规则做事时，我们就赋予孩子相应的荣誉。

如果制定的规则依然管不住孩子，我们可以和孩子共同探讨，找出一个更符合孩子的个性、彼此也都能接受和执行的规则。我们可以多了解一些孩子们感兴趣的游戏，从中筛选一些合适的规则应用到生活中。

2. 制定上网和玩游戏的规则。

我们知道，合理上网和玩游戏可以让孩子充分开动脑筋，开发孩子的智力，让孩子的智能和体能更好地合作。所以，我们不能禁止孩子接触游戏。但是，如果对孩子玩游戏不闻不问，孩子很可能会沉溺其中。怎么办呢？我们可以给孩子制定一些规则。比如，我们可以给孩子规定玩游戏的时间，可以让孩子选择每晚写完作业后玩半小时，或者工作日不玩，周六、周日两天各玩两小时。

我们可以根据孩子的具体情况来定，还可以在电脑上设置密码。再如，我们可以规定孩子上网的地方，让孩子必须在家里的电脑或者在家长知道的地方上网。我们还可以规定孩子上网的内容，可以根据孩子的需求，在上网之前先跟孩子约定好。比如，让孩子上网了解与今天学习的知识相关的内容。我们要多关注孩子浏览的网页，发现不健康的、对孩子不利的网页时应立即制止孩子。

3. 做到奖罚分明。

在网络游戏里，赢了的玩家可以得到一些装备或奖励，输了的玩家也会得到一些相应的鼓励。而在现实生活中，孩子们通过努力获取的成绩，有时候会被我们认为是应该的，我们可能只会说一句："你不就该如此吗？"我们有时候怕称赞会让孩子骄傲，便故意说一句"还行吧"，有时候还会拿自己的孩子跟别人家的孩子做比较，说一句"这有什么可骄傲的，你看人家谁谁谁，比你还强呢"……

这样的话，孩子的自尊心和成就感是不能被满足的。这就容易使得孩子的注意力转移，孩子就更有可能去游戏里寻找成就感。

4. 学会与孩子沟通和谈判。

为了体现公平的原则，我们经常会与孩子沟通和谈判。但是，我们总是采用商量的语气、命令的形式。说到底，这其实是一种伪谈判，给孩子的感觉是只有表面上的公平，所以孩子会从内心抗拒这种无效的沟通。

当孩子拒绝沟通时，孩子可能会说"你们别管我"。这时，我们不要直接说"不行"或"怎么了"，可以尝试把决定权交给孩子，问问他们："你希望我们怎么做？我们怎么做才能帮助你？"

如果孩子对谈判结果不满意，我们也要保持温和的态度，对孩子说："你可能不喜欢这样的决定，或者这个决定不适合你。那我们继续谈谈吧，看能不能找到让彼此满意的方式。"这样，即便最终谈判的结果依然令孩子不满意，但他们至少知道父母是在认真地对待这个谈判。

5. 培养孩子的兴趣爱好。

我们可以多培养孩子一些适合他们的兴趣爱好，比如画画、打球、看书、跑步等，让孩子的业余生活更丰富。孩子一旦有了爱好，就能从中获取快乐，不会轻易地沉迷于网络中。

我们在培养孩子爱好的基础上，也可以帮助孩子设定人生目标。这个目标并不一定要实现，但它可以激发孩子内心的学习动力，让他们养成良好的学习习惯。

6. 我们要做孩子的好榜样。

孩子是我们的镜子，我们做什么，镜子里就显示什么。所以，要想让孩子有个良好的学习习惯，远离游戏，我们要起到带头作用。试想一下，如果我们工作完回到家就坐在沙发上刷手机或者玩游戏，孩子在这种环境下能不受影响吗？

我们要用自己的行动告诉孩子：玩是可以的，但要适度。游戏可以是我们发泄不良情绪的一种方式，但不是我们逃避现实和痛苦的方法。

为了让孩子正视现实中的问题，我们最应该做的是陪伴，是与孩子共同成长。我们可以做孩子的"游戏引路人"，成为比孩子还会玩的人，这样孩子才会信服我们。

游戏只是生活的一部分。在家庭教育中，对于沉迷网络游戏的孩子，我们一定要有信心，有坚持不懈的决心，有正确的态度，有合理的方式。我们不能因为孩子一时的沉迷，就对孩子置之不理，就认为自己管不了孩子了。我们要永远对孩子抱有希望，怀有责任心。

教育孩子要适度上网是一个长期的教育工作。我们有时候会偷懒，在孩子上学期间管得很严，而在孩子放假时就对孩子睁一只眼，闭一只眼。这是不对的。

适度上网和玩游戏是一个会贯穿孩子一生的好习惯，孩子只有学会适度上网，理性对待游戏，才能驾驭自己的人生，不让自己的人生被游戏驾驭。

坚持运动，强身健体

我们经常看到这种场面：几个人一起去爬山，爬到后面，有的人面不改色，仍能继续往上爬；有的人早就大汗淋漓，上气不接下气，中间要休息好几次。这是因为每个人体质不同，身体的承受能力不同。

经常进行体育锻炼可以提高心肌的耐力，增加心肌的收缩性，加强心脏的储备功能，增加血液循环，促进身体的新陈代谢。同时，在进行体育锻炼时，神经系统、内分泌系统都会被调动起来，全身各个器官都能得到有效锻炼。

坚持运动最直观的好处就是：身体素质得到提高，抗病能力增强。有的孩子总爱生病，有的孩子一年到头也不用吃药，这就是抗病能力的差别。运动能增加身体对外界环境的适应能力，促进免疫系统的功能，从而提高孩子的抗病能力。

运动还可以促进孩子的生长发育。我们都知道，同一个班级的孩子年龄相差不大，身高却相差很多。一些个子矮的孩子容易胆小、自卑，他们在学校里经常被一些高大的孩子欺负，身心都会受到影响。

身材的高矮主要是由遗传、饮食习惯、运动这几个因素决定的，我们没办法改变遗传因素，但我们可以从饮食和运动两方面着手，保证孩子身体所需的基本营养，让孩子加强体育锻炼。当孩子运动的时候，跑、跳这些动作都可以刺激骨骼的生长，增加骨骼的密度，让孩子变得强壮有力。

运动时，孩子的大脑、神经和各个器官都能被调动起来，他们的身体的协调性就会增强，孩子的反应能力也会得到锻炼。而且，经常运动的孩子的体形更匀称。一个反应敏捷、体形健美的孩子才会更阳光、更有朝气。

运动是一项体力活动，孩子在一开始运动时，可能会说"我跑不动了""我太累了""我想放弃了"。但是，孩子只要坚持下来，就会适应这种苦和累，并从中学会坚持。所以，让孩子坚持运动，不仅能锻炼身体，还能磨炼孩子的意志力，让孩子学会吃苦耐劳，学会坚持不懈，在遇到困难时不轻言放弃。这都是孩子人生道路上不可或缺的可贵品质。

坚持运动的孩子身体会慢慢地发生变化。坚持运动一段时间后，孩子可能会发现自己个子长高了，体态更加健美了，身体更加强壮了。当孩子有了这些变化之后，他们就会变得更有底气，更自信、更乐观。

乐观自信的孩子在面对挫折和压力时往往更有承受力，遇到不开心的事时也能更积极地应对。

同事陈若和她的老公特别宅，别人过周末都喜欢出去爬山、去感受大自然，而陈若只喜欢宅在家里刷短视频、追剧，陈若的老公则打游戏。

陈若和老公在没有孩子之前，一直都是用刷手机、玩游戏来打发空闲时光。后来他们有了孩子，生活依然没有什么变化。孩子在他们的影响下，从小就习惯了宅在家里。

在他们家里，往往是大人抱着手机，孩子抱着平板，各玩各的。

陈若一家人特别容易生病，每次流行感冒来袭，他们一家人都会得病。尤其是她儿子，隔三岔五就要去医院，不是发烧就是咳嗽，鼻涕还流个不停。由于经常吃药，孩子的脾胃也非常不好。陈若总是跟我们抱怨，她的孩子吃饭太费劲，又瘦又小，个子比同龄人矮半头。

今年，陈若的儿子上一年级了。孩子在学校里表现挺好，文明、懂事、有礼貌，就是运动方面有些欠缺，老师对陈若说过几次。比如，他上体育课时总是跟不上，一跑步就连喘带咳的，体育课要求的很多指标他都达不到。

有一天，陈若来到办公室就向我诉苦："你说，这孩子怎么体质这么差呢？从怀孕开始，什么有营养我就吃什么，生怕营养不够对胎儿不好。孩子出生了，我也严格遵循科学的喂养方式。那时候孩子白白胖胖的，也不常生病。怎么后来他越长大越容易生病了呢？真是愁死我了。天天让他好好吃饭，他就是不听话，什么都不爱吃。他不吃怎么能有抵抗力呢？你看这次，正好赶上刚入学的第一次考试，这孩子却发起了高烧，考试也没考好。别人都考了八九十分，只有我儿子才刚考及格。其实试题他都会的，就是生病影响了他的发挥。"陈若一边唉声叹气，一边又着急地想做点儿什么。

我说："你先别着急，咱们都知道孩子不笨。所以我们不必太在意这一次的考试成绩。而且，他现在只是一年级，孩子们掌握的知识量其实都差不多。现在最主要的是，我觉得你看问题看偏了。你觉得孩子体质差是因为他不好好吃饭，那你有没有想过孩子为什么不爱吃饭呢？是不是他的活动量太小了？我觉得你应该让孩子多去户外活动活动，让孩子多蹦、多跳。等他累了、饿了，自然就能吃饭了。而且，光靠吃饭增强体质是不够的，有的孩子光吃不动，身体更差。增强体质最主要的方法是锻炼，孩子能吃能跑，才能长得好呀。"

陈若说："我也想让他多锻炼，可是他走两步就嫌累。我们每次出去玩，不到十分钟就回家了。"

我笑了笑，对她说："这就要看你们两个人啦，你们可以陪着孩子一起锻炼。你没发现你儿子跟你们很像吗？都喜欢宅在家里。你们从小没给他养成爱活动的习惯，所以，现在突然让孩子锻炼，孩子肯定会不适应。你们要循序渐进，慢慢来。"

陈若是个急性子，想到什么就要立刻行动。当下，她便制订了一个坚持运动小计划，并满怀信心地告诉我："你就等着看我们脱胎换骨的样子吧！"

几个月过去了，陈若果然有了很多改变。她苗条了很多，整个人看上去更有朝气了。

听她说，她儿子的变化更大，几个月的时间就长高了 10 厘米，而且特别能吃，有时候比大人吃得还多。最让他们高兴的是，孩子有小半年没有吃过一颗药了，还爱上了很多体育运动项目。前几天学校开运动会，孩子还为班级争得了荣誉，让陈若感觉特别自豪。

因此，坚持运动对孩子的身心发展都十分有利。那么，我们应该如何让孩子养成坚持运动的好习惯呢？

1. 选择适合孩子的运动。

我们可以根据孩子的年龄和身体素质选择适合孩子的运动。瘦弱、体力不强的孩子可以选择快走、健身操等运动，先慢慢锻炼身体的肌肉力量和持久力，再进行一些重量训练；体重过胖、肌肉松弛的孩子可以多游泳，消耗脂肪，增加肌肉紧实度。

我们还可以有目的性地为孩子选择运动，比如，孩子作业繁多，脖子或肩膀经常酸疼，我们可以让孩子打羽毛球、打台球、骑自行车等，让孩子的各个关节都能得到活动；我们如果想培养孩子的自救能力，就让孩子学游泳、学武术、学跆拳道；如果想培养孩子的合作能力，就让孩子打篮球、踢足球；如果想培养孩子的专注力，就让孩子去攀岩、长跑、射箭……

2. 确保孩子的安全。

在运动之前，我们要让孩子学会观察和判断运动场地和设备的安全性，比如，观察设备有没有松动、老化的迹象，判断室内场地的地面是否太滑、灯光是否太亮；露天场地会不会受风雨的影响等。

我们要帮助孩子挑选合适的运动装备，还要让孩子养成检查运动装备的习惯，比如，拉链有没有拉好，鞋带有没有系好，防护装备有没有戴好等。我们要告诉孩子一些基本的防护知识，比如，不小心跌倒时避免头部着地，避免从高处往下跳，否则容易造成身体损伤等。

孩子运动时，我们一定要保护好他们，让他们在运动中体验到快乐而不是痛苦。如果孩子在运动中总是受伤，孩子运动的积极性就会受到打击，孩子会变得不敢运动，从而无法坚持运动。

3. 运动之前做好计划。

我们要培养孩子坚持运动的习惯，可以根据孩子的时间安排，和孩子一同制订一个运动计划。我们要把去哪里运动，做什么运动，在什么时间运动都计划在内。

制订好计划后，我们还要严格按照计划进行。我们要以身作则，到了约好的运动时间就放下手机，关掉电视，放下一切家务或工作，陪孩子一起去户外运动。如果遇到刮风下雨的天气，我们可以选择以室内运动代替户外运动。总之，我们一定要帮助孩子坚持下去。不管工作或学习有多繁重，只要做了计划，我们就要坚持下去。

4. 和孩子一起运动。

让孩子坚持运动的一个有效方式就是我们陪孩子一起运动。这样不仅可以增加亲子相处的时间，还能让全家人的身体都得到锻炼。

我们要学会随机应变，有时候并不一定要在特定的时间去特定的地方。如果孩子觉得累了、乏了，我们就可以跟孩子一起动动胳膊，扭扭腿，伸伸腰。

我们要让孩子学会将运动和学习相结合，让全家人在活动中得到放松，让运动成为家庭生活的一部分。当看到一位白发苍苍但身姿矫健的老人时，我们可以断定这位老人一定在长期坚持运动。

我们每个人都希望自己永葆青春，但需要坚持锻炼才有可能实现。所以，无论工作、学习压力有多大，让我们都运动起来吧。

5. 不要运动过量。

运动可以提高孩子的抵抗力，促进孩子的生长发育。但是，过度的运动却会导致孩子的身体产生不适，比如，肌肉损伤、骨骼受伤、头晕、贫血等。所以，我们要教孩子学会适量运动。孩子在做运动时，要学习正确的运动姿势，避免长时间地进行单一、负荷过大、两腿负重不均匀的动作。

孩子做负重练习时要在专业教练的指导下进行，以免因为负重过大而影响孩子的骨骼发育。孩子在运动时，还要做好关节保护，防止关节损伤，同时，还要保证充足的睡眠和营养。运动项目和内容也要适时地调整，要做到多样化，只有多样化的运动才能让孩子的身体得到均衡发展。

我们要让孩子知道身体是革命的本钱，拥有健康的身体与掌握科学文化知识一样，都是他们现阶段的重要使命。为了这些使命，要学会吃苦耐劳，学会坚持不懈，才能为以后的人生之路做好铺垫。

不攀比、不炫耀，低调做人

从小到大，我们经常会产生攀比和炫耀的心理。小时候，父母给我们买了新衣服、新鞋子，我们会赶紧穿上以向别人展示；在学校里，我们总是跟同学攀比谁的文具好看、谁的书包好看、谁戴了新发带、谁最会追赶时髦；进入社会，我们也总是跟别人攀比谁买了最新款的 iPhone、谁买了当季最流行的包包和鞋子等。

随着经济的快速发展，我们的物质生活虽然已经得到了大幅度提高，但我们的攀比和炫耀心理依然存在。作为家长，我们都希望把最好的给孩子。我们会因为自己给孩子提供的物质生活不如别人而心生愧疚，也会对可以给孩子提供高品质生活的家庭心存羡慕。但是我们要知道，绝大多数的家庭是平凡的，无论我们付出多少努力，总会有人比我们强。

对孩子而言，他们最在意的并不是这些。贫穷的家庭有可能培养出幸福感很强的孩子，富裕的家庭也有可能培养出内心很贫瘠的孩子。孩子最需要的其实是我们的爱和陪伴，但孩子们有时也难免会产生攀比和炫耀的心理。这是由多方面的原因造成的，比如，我们家长的言传身教、我们对孩子的溺爱、孩子的自卑心理等。

我们在生活中经常有意或无意地去攀比和炫耀。比如，当孩子的考试成绩让我们满意时，我们总是忍不住向别人炫耀；当孩子的考试成绩不理想时，我们又总是搬出别人家的孩子与自己的孩子做对比。回想一下，我们回到家时可能会经常这样说："谁谁谁买了新口红，谁谁谁买了车，谁谁谁买了新房……"

孩子在我们潜移默化的影响下，慢慢地养成了攀比和炫耀的心理。当他们在学校里看到同学有新奇的文具、造型别致的小用品时，他们就会眼馋，也想拥有，不管是不是真的需要。我们做家长的总是想尽可能地满足孩子的需求。毕竟，谁不希望自己的孩子能够过得开心呢？谁不希望自己的孩子能够吃得好、穿得好呢？所以，只要孩子一开口，我们就立刻满足他，甚至即使孩子不开口，我们也会主动为他买这买那，不希望自己的孩子落后于别人。

我们就算再苦再累，也不希望孩子因为羡慕别人而产生自卑心理。孩子在这种娇生惯养下，就很容易产生攀比和炫耀的心理。而且，孩子可能会把这当成父母爱自己的一种表现，如果偶尔不能得到满足，就可能会产生"爸爸妈妈不爱我了"的极端思想。

　　李丽发现儿子小 N 上初中之后有了一些变化。李丽骑着电动车接儿子放学时，小 N 会急匆匆的，只想赶紧回家；老公开着车去接儿子放学时，小 N 却总是开开心心地大声喊着冲向爸爸。

　　以前，李丽因为自己太忙，经常从网上给小 N 买衣服，而现在小 N 只喜欢去商场里挑选名牌衣服。小 N 看到衣服洗得有点儿发白就不会穿了，鞋子有一点儿磨损就丢到一边。他还经常因为看到某位同学有了新奇的东西而觉得同学很牛……

　　李丽觉得儿子正处于青春期，有点儿攀比心理也属于正常现象。她不想过多地对孩子进行说教，便选择了睁一只眼，闭一只眼。

这一天，小 N 放学回家后，对李丽说他想换最新款的 iPad。李丽感觉很诧异，便问小 N："为什么，你不是有平板吗？"小 N 低声说："我是有平板，可是我的平板款式已经老旧了。"

李丽说："怎么会，咱们的平板不是才买了一年多吗？"小 N 有点儿不耐烦地说："平板都一年多了还不算旧呀？我同学都经常更换新款，而且人家买的还都是苹果最新款。只有我的平板不仅旧，而且还不是名牌。"

李丽一听，知道又是儿子的攀比心在作怪，便有点儿生气："妈妈问你，你的平板运行速度慢吗？它经常卡吗？它影响到你的学习了吗？"小 N 摇摇头，李丽接着说："对呀，咱们的平板没有任何问题。为什么你还要换呢？"

小 N 自知理亏，便不再说话。李丽继续说："儿子，我们不要跟别人攀比。你看见别人有什么，自己就也想要什么。可是你有没有想过，对于别人有的东西，你真的需要吗？真的喜欢吗？如果你真的需要的话，妈妈肯定会给你买。但如果你只是因为别人有什么而自己也想要什么，那妈妈如果给你买来，岂不是浪费钱？咱们还不如用那些钱买点儿其他你真正需要的学习用品呢，你说对吗？"

小 N 点了点头，但很快又无奈地说："可是这样同学们会看不起我的。"

李丽摸了摸小 N 的脑袋，笑着说："傻孩子，你怎么会这样想呢？你换位思考试试，你会看不起你们班里没有平板的同学吗？你会看不起你们班不攀比、不炫耀的同学吗？不会吧，相反，我们应该向他们学习这种宝贵的精神。比如，你们班的第一名，我们都知道他的家里不富裕，可是我们因此看不起他了吗？没有，我们不但不会看不起他，还会更佩服他、更喜欢他。因为他生在一个不富裕的家庭里，妈妈还常年卧病在床，他在照顾妈妈的同时还要努力学习。他没有平板，没上过辅导班，每次考试依然都是第一名。我们难道不应该向这样的同学学习吗？妈妈知道你现在正值青春期，有一点儿小虚荣心很正常。但妈妈不希望你一直处于这种状态中，我们要向优秀的同学学习，向有正能量的人学习，培养正确的价值观，才能在人生道路上走得更远、更广，才不会被别人瞧不起。"

　　小 N 听了妈妈的话，意识到了自己这些日子以来的变化，暗暗地想：我一定要做出改变，把注意力转回到学习上，多接触有正能量的人，成为一个真正能让别人看得起的人。

孩子有攀比、炫耀的心理很正常，这说明孩子向往那些美好的东西。如果一个孩子没有攀比心，觉得别人考得好不好都与他无关，对于别人的成就也毫不在意，只能说明他的生活态度是消极、不思进取的。

　　这种情况下，我们可能会更着急、更失望。但是，攀比心过重的孩子不论做什么事都力争第一，不能达到自己的目标就容易焦虑、急躁、自暴自弃，给自己造成压力的同时也会给家人造成很大的困扰。所以，我们要辩证地看待孩子的攀比、炫耀心理，帮助孩子建立一种健康积极的生活态度。

　　那么，我们应该如何培养孩子不攀比、不炫耀，低调做人的品性呢？

　　1. 让孩子了解我们真实的家庭情况。

　　现在的孩子普遍都是集一家人的宠爱于一身，他们想要什么，我们就给他们买什么。有时候，我们的经济状况已经捉襟见肘了，却依然无法拒绝孩子那渴望的小眼神。

　　其实，我们可以让孩子了解真实的家庭经济状况，了解父母的工作，让孩子明白父母挣钱的不容易。这样，孩子还能学会理解父母。但我们这样做的目的不是要让孩子有压力，更不是要压抑孩子的物欲，而是要让孩子明白，父母的收入要满足家里的每一个成员的需求，而每一个成员都有不同的需求。

我们不要粗暴地告诉孩子不要攀比，要勤俭、要体谅父母、要改变自己。我们可以跟孩子一起探讨家里的财政问题，让孩子有参与感和被尊重感。同时，还能培养孩子正确、合理的消费观念。

2. 不要随意遏制孩子的攀比心。

孩子对美好的事物有向往才会产生攀比心理。在孩子刚萌生出攀比心理的时候，我们不必过于小题大做，更不要强行制止孩子。攀比心理有利也有弊，正确的引导可以让孩子的攀比心转变成上进心，转变成学习的动力，而错误的干预只会让事情更严重。

我们在引导孩子的时候，可以多为孩子树立信心，帮助孩子发现自身的美好，让孩子改掉"别人有，我也要有"的心理，转而去喜欢自己已经拥有的东西。

3. 让孩子学会分析事情。

对于孩子的合理需求，我们肯定会想方设法地予以满足，但很多孩子还不能完全明白什么是合理需求，有的孩子即便明白也无法控制自己的物欲。所以，我们可以帮助孩子学会分析事情的利弊。

当孩子想要买最新款的手机、衣服时，我们可以告诉孩子："你可以买这些，但是其他方面的花销可能就会降低。你的零花钱可能会减少，我们家的生活水平可能会降低，你的课外辅导班可能报不了了，你想看的书也可能买不了了。你自己衡量一下这其中的利弊，然后自己做出选择。"

当然，对于孩子真正需要的，并且在我们的能力范围之内的东西，我们就不要拒绝孩子了，从而让他们知道，我们不是在压抑他们的物欲，不是在使用双重标准，而是只买需要的东西。

4. 家长要以身作则。

我们可以回想一下，在生活中与人交流时，我们是不是话里话外都充满了攀比？比如，我们可能会说，谁家刚买了新房，刚装修完，装修得真好，真气派；谁家刚买了新车，比我们的车要舒适很多；谁家今年发财了，赚了多少钱……

我们可能并没有在意孩子有没有听到，或者我们可能认为孩子即便听到了也什么都不懂。其实孩子什么都能听懂，即便不懂，他们也会模仿我们。我们不经意间的言行都会在他们的眼里、心里留下深深的印象，他们会变得跟我们一样注重物质，会产生攀比、炫耀的心理。所以，我们要以身作则，在日常生活中多注意自己的一言一行，给孩子树立一个良好的形象。

5. 帮助孩子树立正确的人生观、价值观。

我们要让孩子知道，能否帮助他人、为国家和社会做出贡献，是衡量一个人是否拥有崇高的人生观、价值观的重要标准。我们的孩子将来不管从事什么工作，过什么样的生活，只要他们认真生活、努力工作，实际上就是在为社会做贡献。

我们要帮助他们树立正确的人生观、价值观，让他们懂得人生的意义，让他们知道如何积极地面对生活，从而获得真正的快乐。

经济水平的飞速提高，也意味着我们面对的诱惑越来越多。很多人变得心浮气躁，喜欢攀比，乐于炫耀。他们总是高调做人，低调做事，以为这是情商高、能力强的表现。其实不然，我们要学会低调做人，埋头做事，少说，多做。这样才能成就自己，才是一个人有修养、素质高的表现。

帮助孩子树立正确的权利意识和观念

在孩子的成长过程中，我们无论想得多么周到、做得多么周到，也会有百密一疏的时候。真正能保护孩子的是孩子自己，一个有自我保护意识、权利意识并能尊重他人权利的孩子，在遇到事情时会更游刃有余地处理事情。即便我们不在孩子身边，他们也能轻松应对生活中的各种问题。

我们应该让孩子从小树立正确的权利意识，让他们知道哪些权利是神圣而不可侵犯的，让他们懂得自己去创造公平的条件，维护自己应有的权利。孩子自身拥有这些意识，比我们为他们创造平坦的人生道路更重要。

孩子只有真正地拥有了维护自己权利的意识，才能正确地分辨是非，避免受到伤害，勇敢地保护自己和他人。

在现实生活中，很多父母自身就缺乏权利意识，所以更对孩子的权利意识不以为意。他们觉得孩子小，什么都不懂，不必上纲上线。有很多父母只会按照自己的意愿行事，为孩子报各种各样的兴趣班、辅导班，完全不考虑孩子的意愿，这其实就触犯了孩子的自主选择权。

其实，孩子作为独立的个体，有他们自己的权利，比如，被保护的权利、男女平等的权利、受教育的权利、参与权、发言权等，这些都是最基本的权利。

为了保护青少年，国家也颁布了很多法律。但这些法律在具体落实方面还需要社会、学校和家庭的共同努力，家庭教育便在其中扮演着举足轻重的角色。

让每个孩子享受平等的受教育权，为孩子提供基本的生活环境，确保孩子的人身安全不被侵犯，这其实是整个社会应当具有的一种权利意识。但在现实生活中，这种意识并没有完全被普及、被重视，我们经常看到、听到一些侵犯未成年人权利的事例。比如，有的孩子到了法定的受教育年龄，仍不能接受义务教育；有的孩子身体还未发育成熟就去做童工；有的女孩家里穷，因为要供哥哥或弟弟读书而被迫放弃学业……

孩子的自我权利意识是在生活中逐渐培养的。在倡导个人权利的家庭环境下，孩子能感受到家长对他们的尊重。这样的父母跟孩子是平等的主体，不会干预孩子的选择，不会把自己的观点强加于孩子，能让孩子逐渐形成权利意识。

在没有权利意识的家庭环境下，孩子只能感受到家长对他们的命令和限制。这样的家长总是剥夺孩子的权利，代替孩子做决定，从而导致孩子的权利意识淡薄。有的孩子就算有权利意识，也会觉得毫无意义。他们往往会说"反正我说了也没用""他们是长辈，我能怎么办"之类的话。权利意识淡薄的孩子在受到侵犯时，往往会选择默默忍受而不敢声张。

半年前的一天，齐齐放学后气呼呼地回到家，小脸涨得通红。我问她："怎么了？是谁让我们家公主生气了？告诉妈妈，我帮你分析分析。"

齐齐说："小玲气着我了。"小玲是齐齐的好朋友，我想两个小伙伴肯定是发生矛盾了，便故意笑着逗她："小玲不是你最好的朋友吗？怎么了，你俩吵架了吗？"

　　齐齐说："不是我们俩吵架了，是我们班的李彦飞总是捉弄小玲。他俩是同桌，小玲坐在里面，有时候李彦飞故意不让小玲进去，有时候快上课了，李彦飞故意把小玲的课本藏起来。今天李彦飞故意往小玲身上扔假虫子，吓得小玲出了一身冷汗。我想要告诉老师，结果被小玲拦住了。她怕老师嫌她事儿多，又怕李彦飞报复，就死活不让我跟老师说。"见我没有回应，齐齐继续说道："妈妈，小玲好可怜。在家里，她妈妈总是打骂她。在学校里，同学又爱欺负她。"

　　开始以为只是小孩子之间闹小矛盾的我忽然意识到了问题的严重性。的确，我接触过小玲几次，那孩子有点儿"随和"。不论你说什么，提什么建议，她都会说"好"。现在想想，她好像过于听话了。

　　我问齐齐："你说她妈妈爱打骂她，那是因为什么？"齐齐说："她好像做什么都不对。小玲告诉我，她早晨起晚了会被骂，吃饭吃得慢会被骂，上学路上走得慢会被打，每天不能按时完成作业也会被打，每天练字的时间不能达到妈妈的要求会被打，放学回家晚会被骂，考试成绩不理想会被打。其实小玲的成绩已经够好了。有一次，我和小玲一起上画画班，她妈妈因为觉得她太磨叽，在培训班门口就打了她一顿。"

　　听完后，我对齐齐说："小玲是个善良的孩子，自己受到了伤害，还不去告诉老师，是不想让同学挨批评。但是，你要告诉小玲，我们的善良应当只给予对我们好的人。没有人可以随意伤害我们，如果有人欺负我们，我们就要拿出自己的勇气。一味地忍让只会助长他人的威风，以后小玲受欺负时，你要多鼓励她勇敢起来。"

　　之后，我约小玲妈妈一起逛商场，我们边逛边聊天。我说："我觉得你家小玲可懂事了，我家齐齐就不行，有时候气得我都想打她。"

小玲妈妈惊讶地说："你都没打过孩子？你可真行，孩子不听话就得打，不打不成器。"

显然，小玲妈妈并没有意识到自己的问题，还坚持"打是亲，骂是爱"的原则。

我便对她说："经常受家暴的孩子会变得胆小、自卑，遇到事情不敢声张，被欺负了也不敢说。而且并不是造成严重伤害的才叫家暴，家庭不和、语言辱骂等都叫家暴。家暴对孩子的身心健康成长十分不利。"

小玲妈妈虽然打骂孩子，但她这样做终究是出于对孩子的爱。所以，当我告诉她这些利害关系时，她显然被吓住了。我想我的目的也达到了。

现在，小玲经常来我家做客，很明显变得活泼、爱说话了。小玲妈妈也表示不再打骂小玲了。孩子做错事时，她会利用别的处罚方式，如让小玲做家务，增加小玲的作业量等。她没想到这样做的效果反而比以前好多了。

很多家庭都坚持"不打不成器"的教育理念，因此，一些教育专家倡导："再也不要打孩子了！"过分地溺爱可能会束缚孩子自由飞翔的翅膀，但暴力行为又将折断孩子的翅膀。因此，把握好管理孩子的尺度，为孩子树立正确的权利意识，还孩子一双可以自由飞翔的翅膀，是每个家庭的责任。

那么，我们应该如何为孩子树立正确的权利意识和观念？

1. 我们和孩子都要清楚青少年的权利有哪些。

首先，青少年享有健康权。青少年的生命安全、身体健康，有受法律保护的权利，任何个人或组织都不得非法侵害。其次，青少年享有被保护权。

青少年的被保护权涉及多个方面，包括他们的生理、精神和情感健康，对青少年实施的暴力、虐待、剥削、忽视和歧视行为都是法律所不能容忍的。再次，青少年享有参与权。参与权涉及公民权利、言论自由、思想自由、平等地获取信息的权利等。除此之外，青少年还有一些合法权利，如肖像权、名誉权、隐私权等。这些权利都是受法律保护的。我们要充分了解这些权利，然后对孩子进行教育，让他们知道如何保护自己的合法权利不受侵害。

此外，我们要告诉孩子，他们的哪些部位是隐私，是别人不能触碰的。我们要告诉孩子任何人对他们使用暴力都是不对的。孩子有了权利意识，才能在遇到事情时，依法行事，善于用法。

2. 公平地对待孩子，让孩子懂得平等。

我们往往以为孩子什么都不懂，以为他们整天没心没肺的，对许多事情并不在意。其实不然，孩子虽然年龄小，但他们也有感觉，会从我们的一些日常行为、言语中观察学习。有时候，我们的一个小小的眼神或一句不经意的话语都可能伤害到孩子。所以，我们应像对待大人一样公平地对待孩子，不使用双重标准。

在一个家庭里，我们可以做什么，孩子就可以做什么；我们可以参与什么事，孩子就可以参与什么事；我们可以选择什么，孩子就可以选择什么。我们要让孩子处在公平的环境里，感受到公平。

3. 尊重孩子的人格尊严。

我们尊重孩子的人格尊严，孩子才能学会尊重他人。有些家长喜欢用自己"至高无上"的权威来压迫孩子，稍有不顺心就辱骂孩子，有时会让孩子当众难堪，有时甚至对孩子拳脚相向。

我们这样做的初衷也许是出于对孩子的疼爱，但造成的后果是孩子受到了伤害，孩子的人格尊严受到了侮辱，孩子也对我们失去信任。这种情况下，我们还如何谈教育？所以，我们应该把孩子当作独立的大人来养育，学会控制自己的情绪，把经常挂在嘴边的"必须听我的""你懂什么""再不听话就打你"之类的话，变成"说说你的看法""你可以的""我相信你"之类的话。

切记，一定要在尊重人格、维护自尊、保证权利的前提下，我们才能谈教育。

4. 尊重孩子的选择权。

孩子是家庭中的一员，所以，有关家庭的大小事宜，我们应该根据孩子的年龄大小，征求孩子的意见。

我们经常做事独断，凡事由自己说了算，甚至连孩子每天穿哪件衣服都要干预。这种剥夺孩子选择权的做法，会养成孩子懦弱、没有主见、遇事犹豫纠结的性格。所以，我们在家庭中也要实行民主化，增加透明度。尤其是与孩子有关的事宜，我们一定要征求孩子的意见。

当然，孩子的人生阅历少，缺乏经验，他们的有些决定可能并不完全正确。我们要帮助其分析利害关系，用建议的方式帮孩子做出正确的决定。

5. 教育和保护相结合。

我们为孩子树立权利意识，让孩子学会自我保护，并不是做"甩手掌柜"。我们在家庭中可以为孩子打造一个相对安全稳定的环境，但是社会上仍有许多消极的因素会直接影响孩子。孩子们毕竟阅历少，经验不充足，即便拥有一些自我保护的能力，依然无法独立地去面对这个世界。所以，我们还是要给予孩子足够的保护。对于他们可以独自面对的困难，我们可以选择远远地观察；对于他们不能独自解决的问题，我们就要站在他们身边，帮助他们解决。

当今时代，人们的权利意识越来越强。但在成人主导的社会中，青少年的权利意识还很淡薄。因此，加强自身的权利意识，并为孩子树立正确的权利意识，是我们义不容辞的责任。

孩子是国家和民族的希望。我们应把孩子的权利放在首要位置，让孩子充分认识到自己所拥有的权利，并能正确使用这些权利。只有这样，孩子才能健康安全地成长。

Part 5

不得不谈的性知识

正确看待性

我们多数人没有接受过性教育，可能认为孩子也不需要性教育，等他们长大了自然就会明白。其实不然，我们都经历过青春期，知道很多事情并不是无师自通。处于青春期时，有的人选择压抑自我，有的人选择追求自由，但这两种方式都不利于身心健康。

很多孩子生活在性教育缺失的家庭里，面对身体上的变化，没有家长的教导，只能自己懵懵懂懂地探索。这就导致青少年性侵事件时有发生。正确的性教育能让孩子对性有正确的认识，让孩子们更健康快乐地成长。所以，我们要认识到青少年性教育的重要性，改变以前"谈性色变"的态度。

我们即使觉得尴尬，也不能回避这个问题，要对孩子进行坦诚明确的教导，让孩子学会正确对待自己的身体，正确看待性，从而更好地爱自己、保护自己。

当孩子向我们提出有关性的问题时，我们习惯遮遮掩掩地转移话题，有时候甚至会大惊失色，对孩子严厉责骂。我们的反应决定了孩子的表现。我们如果总是对这个话题避而不谈，就会越发增强孩子的好奇心和探索欲。我们如果总是斥责和恐吓孩子，他们就会认为性是低俗的、可耻的。我们要向孩子传递正确的信息，让孩子明白自己对性产生兴趣是正常的，这是每个人都要经历的过程。

在性这个问题上，我们总是纠结，怕说得太多或太早会诱导孩子，又怕说得太少孩子不明白。其实，孩子从小就应该接受性教育，我们应该在孩子不同的成长时期给予他们不同的教导。但不管什么时期，我们都要让孩子明白：身体是自己的，要保护自己的身体，不能允许任何人触碰自己的身体，更不能随便拿它去做任何交换，自己的身体永远是最重要的。

我们如果不想让孩子在孩童时期因性无知而受到侵害，不希望孩子在青春期因冲动而让身体受到伤害，那么就应该让孩子从小接受性教育，坦诚地跟孩子谈论身体和性。

刘雨菲是个大大咧咧的姑娘，性格开朗外向，人缘很好，异性缘也很好。

这天，刘雨菲的妈妈丁洁跟我发牢骚："我家小菲没心没肺的，简单、纯粹，朋友也很多。我觉得她这样的性格挺好的，但最近总有同学妈妈向我告状，说小菲带坏了自己家孩子。她们说小菲跟男孩子走得太近，甚至说她不是'正经'女孩。"

我问丁洁："她们有没有说一些具体的事件？"丁洁说："没有，她们就是说小菲总是跟男生称兄道弟，经常带着女孩跟男生打闹成一片。一开始我觉得没什么，但后来听同学家长说小菲总跟男生勾肩搭背地一起走，我心里就犯嘀咕了，这孩子不会是结交了什么不良的朋友了吧？"

我说："应该不会，毕竟他们都是一个班的同学。不过小菲已经这么大了，应该懂得异性之间要保持一些距离了。你们平时没跟她聊过这方面的事情吗？"

丁洁说："没有，我觉得他们都是小孩子，思想都很单纯。咱们不能用大人的眼光看待他们，简单的是他们，复杂的是我们吧。"

我说："孩子们的确天性单纯，但我们还是要教育孩子懂得与异性保持一定的距离。她可以跟男同学正常交往，但不能做出一些过于亲密的举动。我觉得你是时候对孩子进行一些性教育了。"

丁洁显得有些尴尬和惊讶，说："这怎么教育呀，我觉得这个得自己慢慢领悟吧。而且，学校里不是有生理课吗？咱们不需要再教育了吧。"

我说："学校里固然有生理课，但很多事情还是需要我们家长告诉孩子。我觉得你可以找机会跟小菲坦诚地聊一下，不用刻意回避，不用顾忌隐私。你可以告诉孩子要尊重自己的身体，保护自己的身体。小菲这么聪明，肯定一点就透。而且，你在生活中也要注意，既然告诉了孩子要保护自己的隐私，那么，咱们要先做到尊重孩子。虽然你们都是一家人，但你也要做到不随便进入孩子的房间，不偷看孩子的日记；在家里要衣着整齐，不能过于暴露；上厕所时要关门，睡觉时最好也要关好门，给彼此一些空间。如果有些话不好意思告诉孩子，你可以用行动示范给孩子呀。"

丁洁惊讶地说："天哪，你是在我家安了监控吗？我的确上厕所不爱关门，睡觉也不喜欢关门。我觉得在家里就我们一家三口，我还需要介意这么多吗？"

我笑着说："是呀，你们虽然是一家人，但也都是独立的个体呀。"

丁洁好像找到了问题的关键，长出了一口气，说："我知道应该怎么做了。"

让孩子正确看待性的前提是我们要正确看待性。我们要认识到性教育的重要性，并以身作则，注意日常生活中的小事，注意尊重孩子的隐私。

我们要让孩子正确看待性，重视性，保护性。孩子们只有对性知识足够了解和重视，才能更好地保护自己，才不会看低它。更不会为了某些诱惑，为了不成熟的爱情，为了物质和金钱，为了所谓的梦想，为了获得利益，甚至为了排解寂寞而出卖自己的身体。

那么，我们应该如何教育孩子正确看待性呢？

1. 坦然面对，不要回避。

我们经常会听到孩子这样问我们："爸爸妈妈，我们是从哪里来的？亲亲就可以有小宝宝吗？"想想我们是如何回答的？"垃圾桶里捡来的""厕所里捡来的""小孩子别问乱七八糟的事情"……

我们总是吞吞吐吐，含糊其词。只要孩子稍微提起性方面的话题，我们就如临大敌，这大可不必。对性产生好奇的阶段是每个孩子都会有的，我们可以查阅相关的书籍，客观地、诚恳地、科学地回答孩子的问题，不要觉得尴尬。

我们可以向孩子解释身体每个部位的作用以及身体的运作方式，让孩子明白对性有好奇心是正常的。但我们要明确地告诉孩子，身体的隐私部位是要保护起来的，不可以向任何人展示，也不可以让任何人触碰，无论是以哪种方式。

2. 变被动为主动。

孩子虽然对性并没有什么概念，却知道这是令人难以启齿的事情，因此，很多孩子会选择隐藏自己的小秘密。所以，我们不一定非要等到孩子提出问题后再开展教育工作，可以从生活中的小事开始。

我们可以利用周边或网络上报道的一些事件跟孩子一起讨论，告诉孩子我们对这些事情的看法，为避免这些事情的发生应该如何预防，以及发生这种事情之后应该采取怎样的解决方法。我们还可以鼓励孩子说出自己的看法和感受，坦诚、平等地跟孩子沟通。

3. 让孩子认识性。

我们可以通过言语、书籍、视频等，让孩子知道身体的隐私器官的名称。这样的话，我们可以更精确、更方便地跟孩子交流性的问题，孩子也会真正明白什么是性侵犯。孩子如果遇到一些事情，也可以准确地向我们表述出他们是否受到了性侵犯。

4. 以身作则，给孩子起带头作用。

孩子可以从我们的言行举止中获取很多信息。有时候我们不必说太多，孩子就能懂我们。如果我们注意个人隐私，尊重孩子的个人空间，那么，孩子也会养成保护自己隐私的习惯。

我们一定要注意自己的言行，比如，夫妻之间要相互尊重、忠贞不渝等，孩子可以通过观察我们的言行而学习到这些良好的品质。

5. 尊重孩子的隐私。

我们要从小培养孩子隐私的概念，让孩子懂得自己享有身体的所有权。我们要让孩子懂得对于自己的隐私部位，在未经自己允许的情况下，任何人无权查看或触碰。

当我们告诉孩子这一观念后，我们也要给予孩子足够的尊重。尤其是在孩子长大之后，我们要完全尊重他们的隐私。比如，孩子不在家时，我们不能随意查看孩子的私人物品，不能随意出入孩子的房间等。

6. 让孩子学会尊重自己和他人。

我们在让孩子保护自己隐私部位的同时，还要让孩子学会尊重他人。我们要告诉孩子，不能查看或触摸别人的隐私部位，更不能强制别人进行隐私部位的展示。在面对疑似性侵的事情时，要勇敢地拒绝，要第一时间向家长说明；面对他人被侵犯的情况时，也要力所能及地伸出援助之手。

7. 让孩子学会判断。

我们都担心孩子早恋、偷尝禁果，但孩子发生这种行为时，我们往往不能及时制止。这就需要我们培养孩子正确的人生观、价值观、责任心，让孩子明白做出什么样的决定才会对自己有利。

我们可以告诉孩子推迟性行为的好处，告诉他们此时心智还不完善。随着年龄的增长，他们的责任心会更加强烈，那时他们才能做出更有利于自己身心的决定。

我们一定要让孩子知道，身体是自己的，任何时候都不要因为冲动而做出让自己无法挽回的决定。如果孩子仍然做出了进行性行为的决定，我们要告诉孩子避免意外怀孕的方法以及性病的预防措施。

青少年时期是人生的黄金时期，我们不能让他们因为思想过度沉溺在性问题上而影响学习和生活，也不能让他们因为过度压抑自己而产生不良的心理情绪。

我们要多鼓励孩子培养广泛的兴趣爱好，培养孩子的进取心，帮助孩子树立正确的人生观，帮助孩子选择正确的人生道路。

做孩子的情感顾问

　　随着孩子年龄的增长，我们不但要关注孩子的考试成绩，还要关注孩子的情感需求。孩子的情感和情绪直接影响他们的学习和生活，积极的情绪可以增加他们学习的主动性，提高学习的效率；不良的情绪会降低他们学习的积极性，降低学习效率。

　　孩子进入青春期之后，作为家长的我们都会担心孩子的情感问题。其实，我们对此不用过多担心和焦虑。孩子进入青春期之后，身心都开始成熟，其中最明显的就是性器官的发育。这使得他们开始关注异性，对男女的差别有了更成熟的理解。孩子这时对异性产生兴趣和好感是可以理解的，也是极其正常的事情。

　　我们如果发现孩子有自己的小心思了，一定不要大惊失色，也不要想方设法地阻拦他们。我们应该安静地站在孩子身边，做孩子的情感顾问，为孩子指明更有利于他们身心发展的道路。

　　面对孩子的情感问题时，我们往往反应过激。有的家长可能会采取摆事实、讲道理的方式，有的家长会偷看孩子的日记、电子讯息，有的家长会采取跟踪的方式，有的家长不让孩子跟任何异性同学接触，有的家长严格控制孩子的上下学时间，有的家长甚至安装摄像头，想要全方位地监视孩子……这些方法都是不提倡的，因为这是对孩子极其不尊重、不信任的表现。这不会促进我们和孩子之间的关系，只会让孩子对我们更反感。

当孩子有早恋的倾向时，我们不能一味地斥责孩子。我们可以先从自身寻找原因，是不是我们给予孩子的爱不够？孩子之所以被异性吸引，一方面原因是对方有令人喜欢的优点，另一方面原因可能是我们的孩子能从对方那里获取到自身缺乏的被关注、被理解、被呵护的感觉。

试想一下，在家庭教育里，我们给予孩子的爱是不是多多少少地都会夹杂着一些命令、要求和功利心？我们对孩子的爱是毋庸置疑的，但如果我们向孩子传达的都是这种有条件的爱，那么，孩子肯定会产生抵制、厌烦的情绪。

金子的女儿小爽的生日快到了。一天早晨，金子跟女儿说："小爽，你过生日的时候可以把所有的好朋友都请到家里来，到时候爸爸妈妈给你们做好吃的。"

小爽忐忑地问金子："妈妈，我可以请男同学吗？"金子说："当然可以啦，只要是你的好朋友，我们都会好好招待的。"小爽高兴地上学去了。

生日这天，小爽请来了十几位好朋友，其中有三位男同学，小爽和朋友玩得非常开心。

等朋友们都走了之后，金子笑着对小爽说："你们班的董同学真不错，他是你们班的班长对吧？他学习好、能力强，长得也帅气，妈妈很看好他哦。"

小爽笑嘻嘻地对妈妈说："我也觉得他很不错。"金子说："我们家小爽人缘好、长得美，如果学习上再加加油，跟董同学就不相上下了。"

小爽说："那当然。"随后，金子和女儿哈哈大笑起来。

晚上，金子一边敷面膜，一边哼歌。小爽爸爸见妻子如此高兴，便说："你呀，天天跟孩子似的，没大没小。人家都害怕自己的孩子早恋，你倒好，孩子还没怎样呢，你先帮她物色好了。"

金子说："这你就不懂了吧，我是故意这么说的。我这样说，小爽就能明白，这种小心思是可以跟妈妈分享的，我们之间是可以互相信任的。而且我这样给孩子找到一个优秀的学习目标，能激发孩子学习的动力。"

小爽爸爸做出佩服的动作，说："果然还是老婆大人厉害，在下佩服！"

从那之后，小爽和金子无话不谈，时不时地还会开些小玩笑。金子总能在小爽困惑的时候给出正确的指引，帮助小爽做出正确的判断和选择。别人都羡慕金子跟女儿处成了闺密，同学们也都很羡慕小爽有一个这么好的妈妈。

随着年龄的增长，孩子们接触的人越来越多，懂得的事越来越多，遇到的困扰就会越来越多。尤其是情窦初开的青少年，他们面对情感问题时往往会感到焦虑和无助。这时候，作为家长的我们就要站在孩子身边，帮助孩子处理好情感问题。

那么，我们应该如何做孩子的情感顾问呢？

1. 营造和谐的家庭气氛。

家庭成员之间互敬互爱，可以让孩子情绪稳定，内心平静。我们对孩子多一些理解和包容，孩子的情感就能得到满足。良好的情绪可以让孩子坦然面对各种变化和烦恼，从而合理应对各种问题。

我们还要学会聆听，利用空余时间或者吃饭的时间，跟孩子沟通，认真聆听孩子说话，不要打断或否定孩子。我们要让孩子感觉轻松和被关注，这样，孩子在遇到困扰时才会第一时间想到找我们商量。

2. 做淡定的家长。

一个情绪平和的孩子背后肯定有一个淡定的家长。很多时候，面对孩子的暴躁、无理取闹、不懂事的行为，我们往往会以暴制暴。其实，在处理问题时，我们越是态度恶劣、反应过激，孩子的逆反心理也会越严重，他们甚至会有样学样，像我们一样用暴力和坏脾气面对问题。

当孩子情绪失控时，我们不妨先冷静一下，让孩子的情绪得到充分释放。等他们发泄完情绪之后，他们自己就会开始分析和反思。这时候，我们再晓之以理、动之以情。孩子的情绪化都是有原因的，我们要多观察，寻找孩子情绪失控的原因。

3. 只做孩子的情感顾问。

现在的孩子普遍懂事得早，他们从书籍和网络上领悟到很多人生哲理。而且，青春期的孩子会更倾向于以自我为中心。

当我们提出自己认为合理的意见时，孩子们可能会觉得古板、老套，不愿接纳我们的意见。所以，我们应该只做孩子的情感顾问，而不是代替他们做出决定。我们可以帮助孩子分析事情的利弊，引导他们找出解决问题的方法。

4. 学会用其他方式交流。

现在是网络时代，随着网络的普及，各种各样的聊天工具应运而生。我们可以利用网络跟孩子互发邮件，或者选择更有仪式感的方式——写信，把一些不方便直说的话或者敏感的话题写下来发送给孩子。

这种方式不仅加重了话语的分量，还能避免当面交流的尴尬。我们和孩子之间可以畅所欲言，推心置腹地沟通。在获得帮助时通过短信道一声感谢，在发生矛盾时通过短信诚恳地说声对不起。这些都是表达感情，拉近亲子距离的好方法。

5. 教孩子控制自己的情感和情绪，学会自我管理。

在当今的文明社会中，没有人可以随意乱发脾气，也没有人可以无条件地接受他人的任性和小情绪。所以，我们要帮助孩子学会控制情感和情绪。

我们先要给予孩子足够的温暖和爱，让孩子感受来自家庭的力量，从而始终保持乐观积极的情绪和健康的心态；然后，我们要理解孩子的情绪变化，找出孩子情绪失控的原因，帮助孩子分析情绪变化对自己及他人所造成的伤害，帮助孩子分辨是否受到了某种不良情感的影响，以便及时地自我控制。

青少年时期的孩子情绪极其不稳定，而且言行容易极端化。我们一定要培养孩子胸襟宽阔、思想独立、谦虚自律的好品质，让孩子学会理智地面对和控制自己的感情。

6. 帮助孩子树立正确的人生观、价值观和世界观。

一个人的情感和情绪主要受三观（人生观、价值观和世界观）的影响。一个人只有树立正确的三观，才能有从容不迫的心态和健康的情感。我们可以让孩子多读一些正确树立三观的书籍和名人传记，让孩子在积累知识的同时，还可以开阔眼界，增强家国情怀，以及对学习和生活的热情。

我们要帮助孩子树立正确的为人处世的态度，但不能把自己的思想强加给孩子。当孩子坚持自己的想法或做法时，只要对孩子本身及他人没有伤害，我们大可尊重孩子的处理方法。

青少年时期是心理发展的重要时期，随着身体的迅速发育，青少年会有更加丰富的情感，也更加情绪化。

面对各种各样的困扰，他们只能通过反复的挣扎、碰壁、反思，才能慢慢走向成熟。在这期间，我们家长一定要给予足够的耐心和宽容，静观他们的变化，适当地给予一些指点，这也有利于他们树立自信和自尊。

作为家长，我们要无条件地给予孩子所需要的爱，让孩子在感情细腻的时期能体会到来自我们的关注和理解，让孩子的情绪得以平复。

当孩子向我们坦白心声时，我们不要惊讶，也不要不耐烦。我们如果不知道该为孩子做些什么时，那就试着倾听吧。我们可以认真地倾听孩子的内心世界，然后向孩子说出自己的经历和经验，让孩子选择一个正确的方式解决问题。

每个人的人生之路都要自己走，我们也许并不能给予孩子什么实质性的东西，但我们可以做孩子的情感顾问，让孩子在这个转折期不会觉得孤单、彷徨、迷茫。

让孩子把握好与异性交往的尺度

随着社会的发展，现在的孩子普遍成熟得早。尤其在步入青春期之后，孩子因为身体上的一些变化，开始对异性产生好奇。很多学校里存在学生早恋的现象，这严重影响了孩子的学习生活。

作为家长，我们都很重视孩子与朋友的交往问题。当发现孩子有异性朋友时，我们的反应往往过于强烈。我们适当地提高警惕本无可厚非，但不能简单粗暴地把异性同学之间的纯洁友谊看成早恋。

其实，孩子们适度地与异性交往对于性格的塑造很有帮助。男生可以在女生身上学到细心、耐心、体贴、稳重等优点，女生则可以从男生身上学到勇敢、大胆、自信、刚强等优点。异性之间的交往还有利于增强孩子的交往能力、沟通能力，促进对异性的了解，对孩子在智力、情感、性格上的发展都能起到积极作用。善于与异性交往的孩子往往性格更外向，更热情开朗，表达能力更强。但是，我们一定要帮助孩子学会分辨友情和爱情。

青少年之间的异性交往通常是单纯而美好的，对于这种异性之间的纯友谊，我们应该给予支持和尊重。我们可以告诉孩子，在与异性朋友的交往中不必过于敏感，也不要过于紧张和激动，要用平常心去对待异性朋友。不要因为自己愿意与之接触和交流就以为是"爱情"，要端正对异性朋友的态度，把握好与异性朋友交往的尺度，培养自己的健康人格。

当孩子表现出早恋的迹象时，我们千万不要慌张。此时，正确的引导是最重要的。我们如果言行过激，就会让孩子产生逆反心理，严重时还会导致孩子心理扭曲，出现极端行为。

我们可以先采取支持的态度，向孩子表达自己的理解，站在孩子的角度思考问题，取得孩子的信任。然后，我们要准确地掌握孩子的心理动向，适时地给予孩子一些正确的引导，告诉孩子真正的爱情是纯洁的、高尚的，是在合适的时间遇到合适的人，是不会让自己感到为难和困扰的。

我们还要加强对孩子的性教育，告诉孩子什么事情该做，什么事情不该做。

凡凡和娜娜是很好的朋友。他们生活在同一个小区，每天一起上下学。俩人的学习成绩都很好，经常一起写作业，一起探讨学习问题。

在上学期的期末考试中，娜娜的成绩突然下降了很多。凡凡觉得这是因为娜娜那段时间一直在练习舞蹈，准备考级。但从那时开始，凡凡明显地感到娜娜在疏远自己，上学时总是比他先出发，放学时也找借口让他先走，两个人的交集越来越少。

这天放学，凡凡实在忍不住，便问娜娜："你到底怎么了？为什么不愿意跟我玩了？"

娜娜说："没事呀。"凡凡说："不可能，我能感觉到，你总是躲着我。"

娜娜脸有点儿红，说："谁躲着你了？我躲着你干吗？"凡凡又问："是呀，我也想问你，你干吗躲我？"

见娜娜红着脸不说话，凡凡有点儿气愤地说："我们从小一起玩到大，我不知道你竟然是这么想不开的人。你不就是一次考试没考好吗？你至于吗？你好好学习，下次考试追上来不就得了。"

娜娜也气愤地说："谁想不开了，我根本不是因为成绩！"凡凡继续追问："那是因为什么？"

娜娜说："因为什么，难道你不知道吗？"凡凡被娜娜的这句话问住了，见娜娜要走，赶紧拦住她："你说清楚，到底为什么？"

娜娜盯着凡凡看了几秒，满脸通红地说："因为别人都说我们是'小两口'，很亲密！"娜娜说完就跑走了。

凡凡觉得很不可思议，自己跟娜娜明明是好朋友，为什么同学们会这样说呢？凡凡知道，女孩子都比较敏感和要面子，这件事可能对自己来说无所谓，但对于女孩子来说影响很不好，怪不得娜娜会那样疏远自己。

回家之后，妈妈看到凡凡不开心，便问凡凡："今天回家怎么这么沉默？我们的快乐小王子去哪了。"

凡凡说："妈妈，你觉得我跟娜娜过于亲密了吗？"

妈妈好像明白了凡凡的心事，便笑着说："你和娜娜都是很好的孩子。你们都是我看着长大的，我知道你们就像哥哥和妹妹，互帮互助十分友爱。但是凡凡，你们现在都长大了，应该把握好与对方之间的距离了。可能你自己不经意的一句话或一个小小的举动，就会让同学们误会。你们要掌握一个适当的尺度，你们在小时候可以手拉手、肩并肩，但是往后要注意了哦。"

凡凡若有所思地点点头，然后继续问妈妈："妈妈，您说的这些我可以做到，我会把握好跟娜娜之间的距离的。但是娜娜现在都不理我了，我怎么办呢？"

　　妈妈说："那你们就坦诚地沟通一下。你们可以做一些约定，比如，平时可以多叫上其他同学一起玩。至于娜娜不理你的事，回头妈妈给你'制造机会'吧。"

　　星期天，他们和各自的妈妈一起来到了游乐场。凡凡对娜娜说："我们是好朋友，是从小一起长大的好兄妹，难道我们的友谊这么不堪一击吗？以后我们越来越大了，都掌握好分寸不就好了。"

　　娜娜好像也放松了很多，说："好，我们身正不怕影子斜，以后还是好哥们儿。"说完，两个人快乐地奔向了游乐场。

　　孩子与异性交往的能力是他们适应社会的能力之一，与异性交往并不是步入社会之后的事情，而是孩子从小就要学习的。一个不懂得把握分寸的人，是很难有一个良好的人际关系的。

　　那么，我们应该如何教育孩子把握好与异性交往的尺度呢？

　　1. 广泛交友。

　　青少年广泛交友有利于自身的成长，对他们的学习、思想、性格都有影响。青少年广泛地与异性交往，有利于他们了解异性的心理，可以帮助他们消除异性的神秘感，端正他们跟异性交往时的态度。

　　一个人可以结交很多异性朋友，我们不能阻拦某个异性朋友与他人交往。如果青少年在异性交往上太过专一，双方在言谈举止上就会渐渐地由普通朋友变成特殊朋友，这样很容易让他们步入早恋。

　　青少年最好多参加一些群体活动，同时与多个异性同学一起交流。他们在与异性交往时，如果可以做到交往时间短一些，范围广一些，就可以减少一些不必要的烦恼。

　　2. 保持平常心。

我们要告诉孩子，在与异性交往时，不要过于紧张或激动，要保持平常心。对于普通朋友不要故意表现得很亲密，对于好朋友也不需要故意表现得很冷漠，这都是不淡定的表现方式。

孩子如果不知道异性之间正常的交往方式是什么样的，可以观察周围与异性相处比较好的同学，看看他们是如何与异性交流并把握与异性之间的尺度的。

3. 君子之交淡如水。

孩子有异性朋友是很正常的，但不应把过多的注意力放在这上面。男女生身心都有差异，很多潜意识的东西是他们在与异性的交往中被激发出来的。孩子与异性过于密切的交往容易激发人的热情和欲望。

孩子与异性交往时要做到互相尊重，因为性别之差，很多玩笑是不可以随便开的，要学会避免谈论敏感的话题。孩子如果总是言行轻佻，会引起对方的反感，给对方留下品行不端的印象。

4. 保持安全距离。

我们可以告诉孩子，他们如果想要保持与异性之间的纯洁友谊，就要端正自己的态度，把对方放在朋友的位置上，不说过于亲密的话，不发暧昧的信息，保持一定的安全距离，避免身体上的接触。我们要让孩子明白，他们即使与异性朋友的关系再好，也要清楚对方是异性，不能因为关系好就肆无忌惮。

友情和爱情最大的区别就在于是否有身体上的亲密接触。异性朋友之间的举止过于亲密，不仅会让别人产生误会，也会让自己迷惑。久而久之，再纯洁的友谊也会变得不再纯洁。

5. 明确自己的态度。

我们可以告诉孩子，对于异性的邀约，比如，一起去图书馆、电影院、艺术馆等公开场合的邀请，孩子完全可以去赴约。

在赴约过程中，女生应端庄大方，不扭捏，不故作姿态，不让对方有非分之想；男生应稳重，举止绅士，尊重对方。这种邀约最好是多个朋友一起，如果是单独的且与学习无关的邀约，我们可以让孩子婉言拒绝。但是，拒绝别人也要讲究方式方法，不要言语过激，伤害了别人的自尊心。

我们要告诉孩子，若有异性纠缠不休甚至威逼恐吓，一定要第一时间告诉我们，以便我们帮助处理。

"近朱者赤，近墨者黑"，我们都希望自己的孩子能广交益友。那么，什么样的朋友才能成为孩子的益友呢？

我们对孩子的同学并不十分了解，往往只以考试成绩、性别差异作为评判标准，而忽略了道德品质、性格特点等方面的因素。我们往往要求孩子与成绩优异的同性同学多接触，远离那些成绩差的同学，尤其要远离那些成绩差的异性同学。其实，这种引导非常不利于孩子的全方位发展，只要是品行端正，对孩子的思想、学习、生活都能有所帮助和提高的朋友，我们都应该提倡孩子与之接触，这其中当然包括异性朋友。

我们不要过多地干涉孩子与异性之间的交往，只需教会孩子把握好与异性交往的尺度即可。我们要让孩子在与异性交往的过程中保持平常心，大方得体、自尊自重、热情坦诚。我们要告诉孩子，端正自己的心态，便能处理好与异性之间的关系，用自己良好的个性和品德赢得异性的喜爱和尊重。

如何度过青春期？

　　进入青春期的孩子，身体会迅速发育。性激素的分泌、性机能的日趋成熟，让青少年开始出现第二性征。女孩子胸部变得坚挺，乳腺、子宫、阴毛、腋毛都开始发育，还会出现月经初潮；男孩子身高开始急速增长，出现喉结，开始变声，睾丸、阴茎开始增大，会有遗精的情况。

　　伴随着身体的快速发育，青春期的孩子最容易出现各种各样的心理问题。我们一定要重视这些问题，帮助孩子顺利度过青春期。步入青春期的孩子主要有以下几个方面的表现：

　　1.注重外表。

　　青春期的孩子开始注意自己的外表，在意别人的看法，在穿着打扮上特别挑剔。他们十分关心自己的身材、高矮、相貌俊丑，甚至对指甲、牙齿都会仔细观察，对达不到自己审美标准的地方十分在意，有的甚至会长期把注意力放在这些问题上，陷于烦恼之中。

　　有的孩子为了变美，偷偷尝试化妆、涂指甲油；有的孩子为了达到自己满意的身材，不惜节食、过度运动；有的孩子为了穿名牌，不顾父母的感受跟父母大吵大闹……

　　2.保护隐私，喜欢独处。

　　青春期的孩子回到家就关上自己的房门，不让父母随意进出，更讨厌父母打探自己的隐私。他们对很多事情缺乏兴趣，开始有无聊、寂寞、空虚的感受。他们喜欢一个人独处，开始逐渐意识到独处的价值。

3. 言行举止夸张。

青春期的孩子希望得到别人的关注，总是会说一些夸张的话，做出夸张的表情和动作，以引起别人的注意。

4. 在异性面前不淡定。

随着独立意识的产生，青春期的孩子开始关注异性，对异性的言行及他们对自己的评价特别敏感。

青春期的孩子如果有想关注的异性，或受到异性的关注，就会不知所措；如果异性对自己表现出热情，他们会误认为这就是爱情，从而陷入苦恼中。

5. 无法控制情绪。

进入青春期的孩子情绪起伏比较大，自控力差。如果生活或学习中出现挫折，他们就会情绪低落，久久不能镇静，长期处于悲观状态，严重的还会出现极端思想。

6. 叛逆心理严重。

孩子进入青春期最大的表现就是出现逆反心理，此时，他们不喜欢被管教，不愿被约束，喜欢跟老师、家长唱反调，以自我为中心。他们认为自己是个小大人了，什么事都要自己说了算。在他们心中，自己永远是对的。当他们的意念与现实截然相反时，他们不愿面对现实，不甘于承认自己的错误。

他们崇尚所谓的"自由"，把一些不良行为，如吸烟、喝酒、打架、斗殴等看成"十分酷"的行为。

当我们的孩子有以上这些表现时，我们不用过于担心，也不要斥责孩子。一味地批评不能解决问题，反而会助长孩子的叛逆心理。我们应该开动脑筋，跟孩子好好沟通，把孩子往正确的方向上引导。

最近两三个月，张晓发现女儿很反常。

女儿放学回家后就把自己关在卧室，有时候还会反锁房门。好几次，张晓敲门，女儿半天才来开。张晓也问过女儿，但女儿总说她一个人在房间什么都没做，只是在学习。在张晓看来，这明显是谎言，但张晓不能直接揭穿女儿。正值青春期的女儿变得和以前完全不一样了，张晓感觉与女儿的距离越来越远。为此，张晓十分焦虑。

这一天，女儿放学后又神色慌张地冲进卧室。张晓赶过去看，可是女儿又一次反锁了房门。张晓再也忍不住了，使劲敲着房门。几分钟之后，女儿打开了房门。张晓见女儿满脸通红，额头上还微微有些汗。此时，张晓用最后一点儿耐心忍住了没有发作，她仔细打量着女儿的房间，发现除了有个抽屉半开着之外，其他没有任何异样。

张晓上前一步，想要看看抽屉里有什么，可是被女儿抢先一步挡住了。张晓的情绪忽然爆发了，大声质问女儿："抽屉里是什么？今天你必须告诉我！你这段时间太反常了！"

女儿回答："里面什么都没有，我只是忘记关了。"张晓说："那为什么我敲半天门，你都不开门？"女儿说："我在学习呢。"

张晓感觉自己全身的血液都沸腾了："学习？你以为妈妈这么好骗吗？你书包没有打开，课桌上没有一丝学习的痕迹。你到底在干什么？"

女儿还是不停地摇头。张晓见从女儿嘴里问不出话，便自己猜测起来："告诉我，抽屉里藏着什么？别人的东西，还是情书？你是不是早恋了？"

女儿也有点儿生气地说："没有，不是，都不是！"

张晓越来越控制不住自己了："不是情书，没有早恋，那是什么？你到底有什么秘密？你小小年纪，不好好学习，天天都在做什么？想什么？你能不能做自己该做的事，好好学习！"

女儿也变得情绪激动起来，猛地打开抽屉，说："看吧！你不是想看吗？"张晓上前一看，抽屉里面原来是卫生巾！张晓顿时明白了。她也是从青春期走过来的，知道青春期的孩子很敏感，有很多"难言之隐"，并且对于这些"难言之隐"，不好意思向别人寻求帮助，只会自己摸索着处理。

张晓调整了一下情绪，轻轻地抱了抱女儿，说："对不起，妈妈跟你道歉，妈妈没有意识到你已经到了来月经的年龄，没有帮助你做好这方面的心理准备，这是妈妈的失职。同时，妈妈也很难过，因为你没有想到向妈妈求助。你是不相信妈妈吗？"

女儿摇摇头说："不是，我好几次都想告诉您，可是总是话到嘴边，又咽了回去。"

张晓继续说："以后这种事情，你都可以第一时间告诉妈妈的。妈妈是过来人，可以帮助你认识月经，并告诉你月经来时应该如何应对。这是人生的必经之路，你不必羞于启齿。每个人在成长的道路上都会经历身体的改变，女孩子会，男孩子也会。我们不必慌张，也不用觉得难为情，坦然地面对就好。"

女儿忽然如释重负，趴在妈妈的耳边说了些什么。张晓笑了笑，告诉女儿："所以呀，你要告诉妈妈，妈妈才能教你怎么用啊。"

说完，张晓向女儿讲解了如何正确使用卫生巾，并告诉女儿在经期饮食和运动方面都要注意什么。最后，张晓跟女儿说："好了，现在准备一下，咱们今天出去吃饭，好好庆祝一下吾家有女初长成！"

青春期的孩子会有各种各样的改变，不管是在身体方面还是心理方面。这时，我们一定要静下心来，给予孩子足够的理解、真诚的交流、正确的引导，帮助孩子顺利地度过青春期。那么，我们应该如何做呢？

1.帮助孩子认识青春期。

孩子步入青春期后，身体和心理都会发生明显的变化，主要表现为外貌体形、思维情绪、行为举止的变化以及性器官的发育。

很多孩子可能自己无法正确认识到这一点，面对自己的改变手足无措，甚至会做出反常的举动。所以，我们要帮助孩子认识和学习青春期的这些生理和心理的变化，可以让孩子阅读一些相关方面的书籍，遇到问题多跟同龄人或者家长沟通，不能盲目地自我摸索。

我们还要让孩子明白，青春期的种种变化都是人生的必经之路，我们要怀着平常心去对待，不应该产生自卑、焦虑、叛逆的心态，以免影响到自己的学习和生活，造成不可挽回的伤害。

2.让孩子学会管理情绪。

青春期的孩子普遍情绪化，其实他们并不认为自己情绪化，而且这种情绪化有时候并不受他们控制。青春期的孩子有了独立意识，更在意外界的评论，比较敏感。他们会把自己当成大人看待，但思想和行为上还不够成熟，这就导致他们容易有不满的情绪产生。

我们可以让孩子学会适当地发泄情绪，教孩子在遇到烦恼时为自己找一个合理的发泄方式，比如，听歌、跑步、爬山、打球、吃零食等。等孩子情绪平静下来后，我们可以多跟孩子沟通，让孩子说出自己的想法和不满之处，然后开导孩子，让孩子在这个过程中学会如何发泄情绪并控制情绪，如何冷静下来思考问题并解决问题。

3. 让孩子学会与同学相处，尤其是异性同学。

孩子每天面对的除了家庭就是学校，接触的除了我们家长，就是同学和老师。学生时代的友谊是最可贵的，所以我们一定要鼓励孩子与同学发展友谊，和同学以真诚相待，珍惜学生时代的友情。

这一时期的孩子由于身体上的发育，开始对异性产生好奇。我们在发现孩子有异性朋友时，不要诧异，也不要慌张，应给予支持，让孩子学会把握与异性同学之间的距离。我们要保持平常心，告诉孩子千万不可做出过于亲密的言行举止，更不能因一时冲动做出伤害彼此的事情。同时，孩子身为班集体的一分子，应该积极参加班级的活动，努力为班级争取荣誉，还要好好学习，用自身的个性和品德赢得老师和同学们的喜爱。

4. 发展兴趣爱好，树立远大的目标。

我们可以帮助孩子培养自己的兴趣爱好，让孩子实现全方位均衡发展。当孩子遇到烦恼或挫折时，兴趣爱好可以帮助孩子适当地调整心态，对孩子建立积极向上的心态有很大的帮助。他们有了自己的兴趣爱好，可以多参加一些有意义的活动，让自己在集体生活中的位置和作用更加重要。

当然，在发展孩子兴趣爱好的同时，我们一定要让孩子明确他们最重要的任务还是学习。只有不断地学习科学文化知识，他们才能找到自己的人生目标，找准方向，才会更有奋斗的动力。

5. 从小事做起，树立正确的三观。

我们一提起青春期，可能就会想到各种叛逆和负面情绪。其实，我们都是从青春期走来的，作为过来人，我们知道青春期是无比美好的。所以，我们可以告诉孩子，青春期是美好且短暂的，不要被青春期所困。自己的青春期应该由自己做主，多去发现身边的美好，从小事做起，从自我改变开始，努力让自己成为更优秀的人。

我们还可以告诉孩子，要学会帮助身边需要帮助的人。在家里理解父母的不容易，试着体谅父母；在学校里团结同学，热爱老师；在外面尊敬他人，文明懂礼貌。孩子如果有一个积极的心态，就会去做积极向上的事情。当我们付出爱和美好时，我们就会发现自己也被爱和美好包围着。

6. 培养责任心，学会对自己的行为负责。

我们经常抱怨孩子没有责任心，其实这其中很多原因都在于我们，是我们的大包大揽让孩子失去了承担责任的机会。所以，我们在为孩子铺垫好一切之后就要学会放手，不要害怕孩子出错。

每一次的犯错都是学习的机会，都能让孩子在错误中吸取教训。我们要保持冷静，尽量不斥责、恐吓孩子。否则，孩子在遇到问题时就不敢承认，就会因为害怕惩罚而逃避责任。我们要鼓励孩子勇敢面对问题，做一个有担当、有责任心、有理想的人。

在成长的道路上，每个人都是摸着石头过河的。回望成长的道路，有的人后悔不已，有的人心存侥幸，有的人充满感恩，有的人眼里依然有光……

作为家长，我们都希望自己的孩子不要碰自己碰过的壁，不要受自己受过的伤，希望孩子能有一个回望起来充满爱和美好的青春期。那么，从现在开始，我们就跟孩子一起学习，一起成长，陪孩子一起度过短暂又美好的青春期吧。

如何面对社会上的各种诱惑？

当今社会正处于经济快速发展的时期，社会中既存在着真善美，又存在着假恶丑。人们的思想和行为无时无刻不在被社会上各种各样的现象所影响和刺激。

青少年是其中受影响最大的人群，因为青少年的身心都还没有发育完善，心理不够成熟，自控力差，而且他们对一切的未知事物都充满了好奇，想要了解一切，掌握一切。但是，他们的社会阅历不够、生活经验不足、定力不强、分辨能力差，所以，很容易被社会上的各种诱惑所吸引。

这些诱惑总是披着迷人的外衣，引诱青少年脱离正常的生活轨道，干预青少年的健康成长。

随着网络时代的发展、电子产品的普及，孩子们在通过网络认识世界的同时，受到的不良诱惑也越来越多。这些不良诱惑主要有：金钱的诱惑；游戏、网吧的诱惑；烟酒的诱惑；黄赌毒的诱惑；不良组织的诱惑等。这些诱惑冲击着孩子的内心，让他们渐渐远离自己的方向和目标，迷失在光怪陆离的世界里。

青少年时期是人生的黄金时期，恰同学少年，风华正茂，未来可期。在这么美好的年华里，却有很多孩子成了问题少年、犯罪少年。他们逃学、离家出走、偷盗、抢劫、卖淫、性侵、自杀、杀人……

一篇篇新闻报道、一幕幕惨剧让我们不寒而栗。这些随时可能发生在身边的事情，给我们的家庭和学校都蒙上了一层阴影。原本可以用纯真、美好这样的词语来形容的花季生活，从此变得暗无天日，甚至永远定格。

小展是某重点中学初一的学生，学习成绩不错，品德良好，面对老师和同学时总是谦卑有礼，在班级里人缘不错，存在感也很强。

小展的爸爸妈妈都是普通上班族，他们家是工薪家庭，家庭和睦，氛围良好。小展从小到大都生活在无忧无虑的环境里，直到进入初中后，一切都发生了转变……

有一天，小展在家里上不去网，他又着急查学习资料，便去了离家很近的网吧。一进网吧，昏暗的光线，呛鼻的烟草味，让小展很不适应。小展想着赶紧查完资料回家，可是查完之后，小展不经意间瞥到旁边的人正在打游戏。游戏画面让人感觉身临其境，里面的人物又酷又帅，动作如行云流水，小展顿时被吸引住了。

看了一会儿，小展按捺不住，向旁边的人询问之后，便自己注册了账号，也玩起了游戏。小展穿梭于游戏里面，里面的一切对他来说都是新鲜且神秘的，他刚弄清楚游戏规则，就发现时间已经过去了两个多小时。他知道此时爸爸妈妈肯定正在着急地找他，小展虽然十分不舍但还是退出账号回家了。

从那天开始，小展满脑子都是游戏画面，他控制不住自己的好奇心，一次次地进入网吧，一门心思想着如何打怪升级，如何隐瞒爸爸妈妈去网吧，如何向老师请假去网吧。

渐渐地，小展的学习成绩有了明显的下降，每天上课也都是无精打采的，这引起了老师和家长的注意。

老师问小展的父母："为什么小展总是请假？"

小展的父母却说："小展每天都是按时上下学呀。"他们面面相觑，约定好小展再请假时一定要找到原因。

这天，小展再次向老师请假，老师赶紧联系了小展的爸爸。

小展爸爸找了很久，终于在家门口的网吧里找到了小展。远远地看着儿子，小展爸爸又气又急，恨不得冲上前把小展暴揍一顿，但他控制住了自己的脾气。他默默地坐在儿子旁边的椅子上，小展竟毫无察觉。一个小时过去了，小展的游戏告一段落。

此时，小展爸爸轻轻地拍了拍小展的肩膀，小展扭过头，顿时吓得脸色都变了。小展爸爸示意小展关掉电脑回家。

回家的路上，小展内心如狂风暴雨一般，回家后的各种情形都想象到了，爸爸一直不说话，让小展更忐忑不安。终于，爸爸在小区的花园里停下来，看了看小展，说："我们以前就说过吧，不可以去网吧，现在你不但去了还为此不停地撒谎、逃课。"

小展听后，顿时感觉羞愧难当。爸爸看到儿子这样，便继续说："不过，爸爸知道你只是一时被游戏迷惑住。你是个懂事的孩子，知道自己现阶段的主要任务是什么，知道什么该做什么不该做，爸爸相信你肯定可以改变的！"

小展抬起头，看着爸爸问道："您不生气吗？不打我吗？"

"当然生气，可是打你有用吗？爸爸的目的是希望你赶快回归正常的生活轨迹，而不是打你。"爸爸说。

"对不起，爸爸，以后我一定改！"小展认真地说。

"爸爸相信你会改正，而且，爸爸理解你。很多人在面对诱惑时都会禁不住。诱惑不可怕，可怕的是我们不能正确地面对它。

其实，爸爸也很爱玩游戏，但生活是生活，游戏可以帮助我们调节一下乏味的生活，但不能主宰我们的生活。以后过周末的时候，咱们定个时间一起玩，如何？"爸爸笑着说。

"嗯。"小展看着爸爸，坚定地说。"不过，这是咱们两个人的约定，就不要让妈妈知道了。爸爸带你一起升级打怪，但一定要在保证学习的基础上，而且以后决不能再去网吧了！"爸爸说。

"好的，爸爸，我一定会尽快把落下的课程补上来的！"小展说。

父子二人开心地回家了。

随着年龄的增长，孩子面对的不良诱惑越来越多，我们要帮助孩子分辨并自觉抵制这些诱惑。那么，我们应该怎样做呢？

1. 帮助孩子了解不良诱惑的危害。

面对种种不良诱惑，青少年由于心智不成熟，三观未完全建立，很容易被诱惑。很多孩子不了解不良诱惑的危害，没有法律知识和法律观念。

我们可以告诉孩子，这些不良诱惑会伤害到他们的身体健康和心理健康，使人不思进取、消极低沉，影响他们的进步和发展。严重时，这些不良诱惑还会导致青少年伤害他人和社会，造成无法挽回的损失，让他们走上违法犯罪的不归路。

2. 引导孩子了解社会的复杂性。

我们往往会觉得孩子还小，离进入社会还很远，等他们长大后自己再慢慢了解社会就可以了。其实不然，我们应该让孩子多增加社会见闻，经常跟孩子探讨社会上的各种现象，让孩子学会分辨和筛选。这样，孩子遇事才能做出合理的判断，知道哪些东西对自己有益，哪些东西对自己有害。

让孩子发表自己的所思所想，也有利于我们了解孩子的内心世界，以便对孩子做出正确的引导。

3. 帮助孩子提高意志力。

意志力和活动紧密相连，所以，培养孩子的意志力可以从具体的事情开始。

日常生活中，我们给孩子分配任务时要明确，并指导孩子按计划一步步去完成。如果孩子完成得好，我们要予以表扬，以强化他们的意志力，让其形成自觉的行为。

我们可以帮助孩子养成一些好习惯，比如，严格遵守作息时间、按时完成作业、自己整理房间、每天坚持晨跑等。在培养习惯时，我们要督促孩子完成，绝不能半途而废。

意志力最大的敌人便是困难，困难是锻炼孩子意志力的关键。所以，我们要培养孩子不怕困难的品质，让孩子学会坚持。我们可以督促孩子坚持做一些他不喜欢做但对他有益的事情，如果能长期坚持下去，孩子一定会变得自律、有毅力。

4. 让孩子集中精力学习，适当培养兴趣爱好。

我们要让孩子明白他们是国家的未来、民族的希望。他们现阶段的首要任务是学习，只有努力学习科学文化知识，坚持锻炼身体，培养高尚的品格，将来才能为国家、为社会、为家庭贡献自己的一分力量。

我们可以让孩子在业余时间培养一些爱好，这样他们就不会因为空虚、无聊而被不良行为诱惑。开阔视野的方式有很多，我们可以让孩子多读书，从书海中找寻自己的人生目标。

5. 教育孩子不结交损友、佞友。

我们常常告诉孩子要多交朋友，但是一定要让孩子学会辨认和挑选朋友，让孩子选择与那些有思想、有道德、讲文明、有礼貌、爱学习的同学结交。

我们还要告诉孩子，远离那些品行不端，会给自己的身体和心灵带来伤害的人，比如，经常打架斗殴、逃学的人，早早地吸烟喝酒的人，发现了别人的一个小错误就以此要挟别人的人，看热闹不怕事大的人，以及社会上所谓的"老大"等。

我们要让孩子严格把握自己的交友范围，以免因交友不慎而被不法分子缠上。我们要告诉孩子，面对来自朋友的不良诱惑要学会婉言谢绝，必要时要向父母、老师或警察寻求帮助。

6. 学习一些法律法规，用法律保护自己。

法是治国之本，是保证人民生活幸福、国家长治久安的重要方式。我们要加强孩子的法制教育，让孩子从小明白什么是错，什么是对；什么是能做的，什么是不能做的，以免孩子因无知触犯法律。同时，我们要告诉孩子，法律是保护我们的武器，我们要好好学习法律知识，用这个武器保护自己和他人。

平时，我们可以让孩子多看一些与法律相关的书籍，带孩子参加一些法律知识的讲座，看一些青少年犯罪的案例分析。

每个孩子最终都要步入社会，适应社会。在此之前，我们一定要让孩子学会正确地认识和对待这个复杂的社会，增强自我保护和辨别是非的能力，坚决抵制各种不良诱惑。

Part 6

父母是孩子最坚实的后盾

人生最宝贵的是生命

我们帮助孩子养成良好的性格、优良的品德、独立的人格和正确的三观，这所有的一切都建立在一个基础上，那就是拥有健康的生命。

人的生命只有一次，失去了就无法再拥有。我们赋予孩子生命，是希望他们能在短暂的几十载中，活得开心，活得有价值，活得精彩，为家庭、为社会、为国家尽自己的一分力量，将来回首自己的一生时能无怨无悔。

我们经常从电视或网络上看到关于学生自杀或他杀的消息，有的孩子是因为父母的批评，有的孩子是因为学习任务过重，有的孩子是因为同学的一句玩笑话，有的孩子是因为嫉妒别人，有的孩子是因为老师的训斥……

越来越多自杀或他杀的事件让我们不寒而栗，这些孩子如此轻视生命，对待生命的态度让人心寒又心痛。为此，我们要重视孩子的生命教育，要让孩子懂得珍惜生命，懂得成绩和名利与生命相比，真的不值一提。

我们要让孩子懂得"身体发肤，受之父母"的道理，明白生命是脆弱的。如果他们因为一时冲动而让自己的身体受到伤害，甚至失去生命，那对我们来说将是多么大的打击。

人的一生总要经历顺境和逆境，要体验成功和失败。没有人总是一帆风顺，也没有人总是茫然失意，风雨之后总能见到彩虹。所以，我们要告诉孩子，经历人生中的困境时，一定要保持积极的心态，不要消极、懊恼。时间会帮助我们淡化一切，我们在通过自己的努力迈过了那道坎、迎来了新的人生之后，回首过往会觉得那些我们曾经以为无法越过的坎坷和不可战胜的困难都十分微不足道，会觉得当时为此伤心欲绝，甚至寻死觅活的自己十分愚蠢、幼稚。

　　燕子在她们班级里是"国宝级"人物，同学们都很喜欢她，因为她乐观开朗、学习好、有爱心。

　　同学遇到困难时，她总是第一个予以同学帮助；同学伤心时，她总是第一个陪在同学身边给予安慰。对于班级里大大小小的事情，燕子都会积极地参与。

　　前两天，班里选班干部，燕子被全班同学推举为班长，班主任让燕子上台讲一下感受。

　　燕子站到讲台上，认真地给大家鞠了一个躬，真诚地说："我要感谢同学们。我能有今天，真的应该谢谢你们。大家都知道，一年前我经历了人生中最黑暗的时期。因为那次意外，我失去了左胳膊。我一度认为自己废了，认为全世界都对我怀有恶意。我哭过、痛过、绝望过，受不了别人看我的眼神，即便别人的眼神中怀有怜悯和心疼。我一度变得敏感和暴躁，不愿跟任何人接触，总是把自己关在屋里。我无法面对以后的人生，甚至有几次想不开，想要结束自己的生命。在这时候，是你们给了我温暖，在我黑暗的人生中投入了一线光明。我永远记得你们为我做的课堂笔记，为我编的'加油之歌'。在我一次次的发疯之后，依然给我安慰和鼓励，让我知道自己不是最不幸的人，让我知道我虽然失去了左胳膊，但并没有失去友情和关爱。是你们的帮助和鼓舞让我变得乐观、活泼、勇敢、坚强，是你们让我没有被不幸打倒，没有在绝境中放弃自己，是你们让我懂得了生命的珍贵和不易。以后，我要将你们带给我的这份关爱传递下去，竭尽所能地帮助其他需要帮助的人。我会更加热爱自己的生命，好好学习，提高自己的思想品德，让自己活得更有价值，做对学校和国家更有用的人！谢谢大家！"

燕子说完之后，全班响起了雷鸣般的掌声。

遇到挫折的时候，想想看，有多少人身患重病却依然咬紧牙关与之抗争？有多少人在一次次的失败后依然昂起头往前走？有多少人出生在极其不幸的家庭中却依然乐观开朗？那么多人都在努力地活下去，我们又有什么理由不珍惜生命呢？

那么，我们应该如何让孩子懂得生命的意义，学会珍惜生命呢？

1. 懂得生命的意义。

身体是革命的本钱，如果孩子只是学习成绩好，但不懂得爱惜自己的生命，我们对孩子的教育就是失败的。每个人都应该珍惜自己的生命，我们要让孩子明白，一个人只要还活着，一切就皆有可能。而人如果失去了生命，那么一切都会变成零。

一个懂得生命价值的人，做什么事情都会考虑后果，做什么决定都会以生命安全为准则，会远离一切对生命健康有危害的事情。我们可以让孩子多参加一些教育活动，多看一些爱国主题的电影，让孩子从中感受生和死，感受"人固有一死，或重于泰山，或轻于鸿毛"这句话的意义。

2. 让孩子懂得生命的来之不易。

作为家长，我们不要只顾着开发孩子的智力，培养孩子的才艺，提高孩子的成绩。也不要总是以"垃圾桶里捡来的""充话费送的""从山上捡来的"等这种错误的语言误导孩子，我们一定要让孩子了解一些关于生命的知识，让他们知道生命的由来。

我们可以用朴素的语言告诉孩子，每个人的生命都来之不易，都是父母倾注了全部的爱孕育的。一个人的生命不仅属于他自己，也属于家庭、社会和国家。

3. 让孩子经常拥抱大自然。

孩子每天过着学校和家庭两点一线的生活，难免会有无聊、烦闷的情绪产生，这是完全可以理解的。面对这种"枯燥"的生活，我们要告诉孩子，不能躲避，更不能破罐子破摔，要学会调整自己的心境。

节假日，我们可以带孩子一起去郊游，去野外感受大自然的美好。当他们走进大自然时，他们的心情是平静的，他们的心灵也会得到大自然的洗礼。所以，让他们经常去大自然中领悟人生吧。

4. 让孩子学会宣泄情绪，不要把烦恼压在心中。

当孩子遇到挫折时，我们要帮助孩子学会释放内心压抑的情绪。他们可以大哭一场，也可以到没人的地方大吼，不用担心会丢面子。

在宣泄完之后，可以向我们倾诉自己的内心。我们可以根据孩子的倾诉帮助他们分析问题，并一起找到解决问题的方法。

我们要告诉孩子，在心情烦闷的时候，他们也可以听一些轻松、欢快的音乐，让自己烦闷的情绪在优美的音乐中得到释放，或者看喜剧、小品，让自己转移注意力。平时，我们可以鼓励孩子多读书和看电影，并从中感悟人生。

5. 让孩子学会接纳和取悦自己。

世界上没有十全十美的人，也没有完美的性格。每个人都有优缺点，每一种性格都有成功的可能。所以，我们要让孩子认清自己，接纳自己的优缺点，然后管理自己，让自己成为更优秀的人。

我们可以告诉孩子，他们不论做什么决定，面对什么人，都要问问自己的内心，不要违背自己的心意，不要养成讨好型性格。我们只有先学会取悦自己，才能活成自己想要的样子。

6. 有信仰和追求。

我们要告诉孩子：你是爸爸妈妈的骄傲，是祖国的花朵，是国家和民族的希望，是肩负着重要使命的人，一定要做一个有信仰和追求的人。

努力学习科学文化知识，锻炼自己的身体，爱护自己的生命，树立坚定的目标，将来为国家、社会、家庭贡献自己的一分力量。

7. 学会体验爱。

人在伤心的时候总是会悲观消极，感觉不被人理解，没有人关心自己。日常生活中，我们要学会表达爱，让孩子感受到我们对他们的爱。比如，当孩子睡眼惺忪地醒来时，我们为他们端上热腾腾的早餐；当孩子在学校里被老师批评后，我们要无条件地给予孩子一些安慰；当孩子生病时，我们会不舍昼夜地照顾他们……

我们要让孩子体会到，生活中有太多值得感动的事。我们要让他们学会发现这些美好，让他们做一个心中充满爱的人，然后再将这份爱传递给周围的人。

8. 让孩子看到生命的脆弱，感受分别的不舍。

人生会经历各种各样的分别，上学时要忍受与家人的分别，工作时要忍受与同学、朋友的分别。每一次面对分别，我们都会感觉心情失落，甚至悲痛欲绝。所以，我们要珍惜与身边人在一起的时间，珍惜自己的生命。

我们还要让孩子理解生命是脆弱的，有的人可以劫后重生，有的人却说倒下就倒下了，永远无法再站起来。我们可以带孩子去医院看看那些生病的人，让孩子明白生命需要我们的呵护。

我们要让孩子明白，一个人来到这个世界上，就要懂得生命的意义，懂得生命的珍贵。其实，生远比死要难。因为，死只需要一时的勇气，而生则需要一辈子的勇气。

只有热爱生命的人，才不会浪费每一分、每一秒；才会想方设法地让自己活得精彩；才会更热爱生活，热爱他人。

做了错事时不要对父母隐瞒

　　孩子成长的过程是一个不断犯错、不断改正、不断进步的过程。我们要让孩子学会发现错误、承认错误并承担后果，帮助孩子分析犯错的原因，让孩子能够吃一堑、长一智，在成长的道路上少犯错，少走弯路。

　　人人都会犯错，但是面对错误时敢于承认错误并为之负责的人却很少。大人尚且如此，孩子就更不必说了。我们有句俗话叫"好汉做事好汉当"，意思就是做人要敢于承认错误、承担责任。我们在教育孩子的过程中要让孩子明白，做错了事就应该向别人道歉，然后做出赔偿或补偿。

　　这样不仅能求得别人的谅解，还能让孩子从小就懂得对自己的一言一行负责，并学会遵守规矩和谨言慎行。这样，他们将来才能独立面对人生，更好地融入社会大家庭里。

　　犯错后，有的孩子敢于承认，有的孩子选择逃避，有的孩子让家长出面解决，有的孩子不敢告诉家长……孩子的表现取决于我们在他们犯错时的反应。

　　孩子犯错时，有些家长会代替孩子认错，代替孩子向别人道歉。虽然采取这种方式的家长初心是爱，但这种方式是不可取的。这样做很容易让孩子觉得犯错与自己无关，自己不需要做任何事情就可以轻松解决问题，长期下去，孩子就会产生依赖心理。其实，年幼的孩子一般做不出太出格的错事，但如果我们次次包容，让孩子感觉不到压力，他们可能会更加肆意妄为、无法无天。而且，我们这样做是在溺爱孩子，是在包庇孩子的过错，既不能让孩子从错误中得到教训，更不能培养他们的责任心，导致孩子屡教不改。

孩子犯错时，很多家长的第一反应是打骂孩子，其实这样更不利于孩子的成长。如果我们经常打骂孩子，甚至不顾及孩子的自尊心当众打骂或惩罚他们，时间长了他们就会变得自卑、胆小，对我们"唯命是从"，不敢反抗。

由于自尊心受损，他们还可能会产生自我怀疑，压抑自己，拒绝与人接触。他们如果再次犯错，就会对我们产生恐惧心理，从内心抗拒跟我们接近。这样，他们以后不管犯的是大错还是小错，都不敢告诉我们，第一时间想到的总是如何隐瞒我们。

敢于认错并真诚道歉是孩子必须学会的，但在此之前，我们一定要端正自己的态度，温和地告诉孩子他们为什么要道歉，他们以后应该怎样做才能不再犯同样的错误。让孩子认清这些比打骂孩子更重要，我们不要逼迫孩子说"对不起"，要摆出事实，讲清楚后果，让孩子真正意识到自己的错误，而不是让孩子以为不管犯了什么错误只要说一句"对不起"就万事大吉了。

相比于"对不起"这三个字，谦卑的态度、真诚的善后更重要。另外，我们在引导孩子改正错误的同时，还要注重孩子的内心世界，不要让孩子觉得自己孤立无援，有"千夫所指"的孤独感。

我们要让他们明白，我们的谆谆教诲是爱他们的表现，是希望他们成为更好的自己。

> 小楠和小玉是邻居，她们从小一起长大，但两个人的性格完全不同。小楠是个乖乖女，胆小怕事，遇事不敢提反对意见；而小玉则勇敢胆大，敢说敢做，是个乐天派。

　　二年级的时候，两家人一起去春游。小楠和小玉趁大人不注意跑进了小树林里玩，由于玩得太尽兴没有看路，导致两个人迷路了。天色渐晚，她们找不到来时的路，十分害怕。正在两人快要崩溃的时候，她们看到了家人的身影。

　　看到惊慌失措的她们，小楠妈妈对小楠说：“我跟你说过不能乱跑，你为什么不听话！如果我们找不到你们怎么办？你们走丢了怎么办？被坏人抓走了怎么办？如果树林里有个水沟或者小河，你们掉进去怎么办？你怎么这么不听话？我今天非得打你一顿，让你长长记性！”说着，小楠妈妈在小楠的屁股上狠狠地打了几巴掌。

　　看到妈妈这么生气，再加上刚才的害怕，小楠“哇”的一声哭了起来。小楠妈妈见此更加气愤地说：“你还哭，还委屈了？我说你难道还不对了？”

　　小楠赶紧摇摇头说：“我错了妈妈，对不起，您说得对，我以后再也不乱跑了。”

　　小楠忍着泪水，听到一旁小玉妈妈轻轻地安慰小玉：“我的大闺女都敢去探险了呢，真厉害！但是闺女，咱们以后做什么可要先告诉妈妈哦，不然妈妈太担心你了。你都不知道，找不到你，妈妈都快吓哭了呢。”

　　接着，母女俩都笑了起来。小楠看到这样的情景，心里更是说不出的委屈和难过。

　　小楠就是在这样的家庭教育下长大的，每次她不管犯什么样的错，得到的永远是训斥。“让你别这样做，你非要这样做，错了吧？”“你怎么这么简单的事都能做错！”“你怎么屡教不改呢！”“到底说多少遍你才能记住？”“哭哭哭，每次犯错就只会哭！”，……

在这样的训斥下成长起来的小楠变得越来越害怕犯错，越来越胆小，什么事都不敢告诉父母。甚至，她在做错事后第一时间不是想该怎么解决，而是想该怎么隐瞒才能不被父母发现。

渐渐地，小楠变得越来越沉默、内向、自卑，显得不合群。

而小玉的家庭环境跟小楠家是完全不同的。小玉天性活泼，小时候经常犯错，但她从没看到过父母怒气冲冲、暴跳如雷的样子。

父母总是温和地告诉她什么能做，什么不能做；总是跟她一起找到改正错误的方法，坚定地站在她身后，让她不怕错误、直面错误、解决错误。渐渐地，小玉出的错越来越少，变得更自信、更勇敢了。

孩子们都很懂事，很多时候，在他们犯下错误的那一刻，他们其实就已经知道自己做错了。

这个时候，如果我们只是对他们劈头盖脸地责备或打骂，他们就会变得消极和叛逆，就会厌倦我们的喋喋不休，认为我们只是高高在上的冷面审判者，并不理解他们。渐渐地，他们就会疏远我们，什么事都瞒着我们，让亲子关系变得十分紧张。

孩子做错事并不可怕，可怕的是我们的第一反应。我们的反应决定孩子的态度，所以，为了亲子关系的融洽，为了孩子身心的健康发展，我们一定要让孩子明白，我们是他们最值得信任的人，他们做错了事不需要隐瞒我们。

那么，我们应该如何让孩子懂得我们的这份爱呢？

1. 保持冷静，表示理解。

孩子在犯了错之后立马认错并改正固然很好，但有时候这并不代表孩子真心悔改了。有的孩子不想被骂，有的孩子想尽快了结事情，就会表现出立马认错的"好"现象。

当孩子犯了错，我们一定要保持冷静，问问孩子究竟发生了什么。这是十分必要的，一方面，这样可以让孩子有真实的表达，我们只有了解事情的真相才不会冤枉孩子；另一方面，我们可以向孩子传达我们相信和理解的态度，让孩子能够平静地分析问题，从而心甘情愿地承认错误。

2. 及时纠正，不翻旧账。

很多时候，孩子可能并没有意识到自己的错误，或者知道错但不知道后果的严重性。所以，我们应及时纠正孩子的过错，告诉孩子这样做对自己和他人所造成的伤害。但在纠错的过程中，我们要做到不翻旧账。

很多时候，我们摆事实、讲道理，孩子是可以听进去的，但再懂事的孩子也架不住我们无休止地翻旧账。一次次地强调他们所犯过的错，这不会让他们加深印象，只会加深他们的挫败感、自卑感和对我们的反感。

3. 适当地给予奖励。

很多家长觉得孩子做错事应该得到批评和惩罚，以为这样才能让孩子吃一堑、长一智。其实不然，当孩子及时承认错误并真心悔改时，我们可以适当地给孩子一些表扬，让孩子明白知错就改是值得表扬的，这样做也有利于亲子关系的融洽。

4. 适当进行体罚。

虽然我们身处一个提倡不体罚的教育时代，人们更注重孩子的心灵呵护，但适当的体罚可以让孩子明白做错事是需要承担责任的。但是，体罚要讲究方式和方法。

首先要及时，即发现错误后及时体罚，让孩子明白自己的错误所在。不要积攒错误，不要攒几天或几件事一起体罚孩子。其次是适度，俗话说"打皮了"，就是指经常挨打的孩子会对此产生一种不以为意的态度，而且还可能产生暴力倾向。我们应该用面壁思过、做家务等方式代替拳打脚踢式的体罚。最后是注意场合，即不能不分场合地体罚孩子。孩子有自尊心，如果我们不分场合地当众体罚孩子，孩子可能会觉得有失面子，就会顶撞父母，甚至把事情闹得更难以收场。

5. 耐心温和地说教。

面对孩子时，我们要保持耐心，认真倾听孩子的叙述，对孩子不理解的处理方式，应给予耐心的解释。除了说话的内容之外，我们说话的语气也十分重要。

同样一句话，如果我们语调轻柔、平缓，孩子就会更愿意接受；如果我们语调很高、语气很重，甚至咬牙切齿，孩子就会产生厌恶和反感的情绪。这样一来，孩子只会想着如何为自己辩解，又怎能敞开心扉跟我们交流呢？

6. 表达我们的爱。

在孩子犯了错，接受了惩罚之后，我们要给予孩子安抚，让孩子知道父母这样做是为他们好，是希望他们成为有担当的人。千万不要让孩子觉得自己不受重视、不被关爱，被孤立了。我们要让孩子明白，他们受惩罚并不是因为他们是坏孩子，也不是因为我们不再爱他们了，而是因为他们做错了事，我们只是就事论事。

我们都觉得自己很爱自己的孩子，可是我们的孩子知道我们有多爱他们吗？特别是当他们考试失意时、犯错时、与我们意见相左时，他们知道我们依然爱他们吗？把爱表达出来吧，让孩子确定自己时时刻刻都被父母深爱着。

不管发生什么都要杜绝过激行为

简单来说，过激行为是由于情绪超出了控制范围，情绪反应激烈而表现出的不可控制、不理智的行为。

孩子随着年龄的增长，竞争日益激烈，生活节奏加快，功课变得繁多，这些导致孩子跟父母、朋友之间的交流、沟通减少。很多孩子会不适应，不能正确面对挫折和压力，对学习、生活失去兴趣和信心。尤其心理承受能力差的孩子不能做到及时调整自己的情绪和状态，就可能产生过激行为，比如自残、打架斗殴、离家出走等。

我们经常会有这样的感触：孩子越长大越难管。我们对孩子打不得、骂不得。有时候可能只是说错一句话，孩子就会大发脾气。对我们有一点儿不满意，他们就会大哭大闹。

我们在教育孩子的过程中，说得轻了怕起不到警示作用，说得重了又怕孩子承受不了，出现过激行为。

在谈论孩子的教育问题时，有的家长认为要捧着孩子，有的家长认为必须严格管理孩子，有的家长认为要放养，让孩子解放天性……其实，每种教育方式都有其自身的优缺点，都有成功和失败的案例。我们只有根据孩子的特点以及孩子的自身情况加以正确引导，才能让家庭教育起到积极的作用。

孩子出现过激的行为与家庭环境、社会环境、个人性格、年龄、遗传等因素都有关。有的孩子经常被否定、被批评，从家长身上感受不到被重视、被关心的感觉，就比较胆小，还有可能轻微抑郁。这样的孩子在遇到困难时就容易有过激行为，因为他们认为承担事情的后果比伤害自己的生命要难得多。

还有的孩子出现过激行为是另外一种心理导致的，这样的孩子认为过激行为是证明自己价值的方式，觉得别人不敢做的事自己敢做，所以自己比别人强。

孩子如果在学习或生活中不能表现自己的价值，往往就会通过过激行为来证明自己。尤其成绩不好的孩子，更容易做出过激行为来引起我们的关注，从而获取存在感，维持心理平衡。

如果孩子做出过激反应，后果一般都很严重，轻则受伤，重则失去生命。如果我们不能及时发现并做出干预，就可能会造成不可挽回的后果。

我们没有办法决定孩子在人生道路上会遇到什么，但我们可以培养孩子的反应能力。当孩子面对困难时，我们可以用温和理智的方式与孩子共同面对，让孩子学会遇事冷静、保持理智，避免发生过激行为。

阳阳是个贪玩的孩子，从小就活泼好动，对什么事都充满好奇。他头脑灵活，思维敏捷，让爸爸妈妈喜爱的同时也非常烦恼，因为他经常闯祸，给他们带来收拾不完的烂摊子。

每次阳阳惹出麻烦，爸爸妈妈都会对他进行一番严厉的批评，有时候甚至会打他一顿。但阳阳只有三分钟的记性，过后照样调皮捣蛋。

时间长了，整个小区没有不认识阳阳的，大家都叫他"捣蛋鬼"。

这一天，爸爸妈妈有事出门了，阳阳一个人在家写作业。写完作业后，他觉得有点儿饿，便决定自己用电锅煮面吃。

阳阳从没做过饭，也没用过厨房电器。不知道什么原因，插头处噼里啪啦地起了火花，紧接着电锅烧了起来。

正在阳阳想要浇水的时候，爸爸妈妈回来了。一进门，看到这种情形，立马叫住了阳阳。

爸爸赶紧切断电源，拿湿毛巾扑灭了火。妈妈吓坏了，走过去踹了阳阳几脚，大声说："你这孩子真是无法无天了，天天惹祸，你这是想杀人放火了不成！你还有什么是不敢做的！去，回自己屋，好好给我反省反省！"

阳阳自知犯了错，便乖乖回屋了。之后，他听到门外妈妈和邻居们说话的声音。邻居都说他太不懂事了，这次一定要好好管管他。

阳阳心里又懊恼又委屈，觉得自己并没做错什么。这件事情的发生完全出乎他的意料，可是大家都这么批评他。他觉得大家或许真的很讨厌他，爸爸妈妈肯定是不爱自己了。这样想着，阳阳便生出了离家出走的念头。他把几件衣服装进书包，悄悄出去了。

妈妈做好饭后叫阳阳，可是一连叫了好几声都没有听到回应。妈妈生气地说："我还没找你算账呢，你倒跟我较起劲来了，叫你吃饭怎么不出来？"

妈妈还是没有听到阳阳的回应，便打开房门，发现阳阳并不在屋里，桌上有一张纸条，上面写着：对不起，爸爸妈妈，我走了。

妈妈立马叫来爸爸，他们发现阳阳带走了几件衣服，确定这不是恶作剧。一阵慌张之后，他们立刻联系了阳阳的朋友、老师以及所有的亲戚邻居，还报了警。大家一起寻找阳阳，可是从下午一直找到半夜都没有发现阳阳的踪影。

阳阳妈妈痛哭起来，既后悔又自责，认为是自己逼走了儿子。阳阳爸爸也特别后悔，觉得自己没有把这件事放心上，没有发现孩子的情绪变化。

正当他们陷入绝望的时候，警察带着阳阳回来了。据警察的描述，他们是在车站发现阳阳的。阳阳想要离开这座城市，却又不知道该去哪里，所以一直在徘徊、纠结。这引起了车站检查员的注意，检查员报了警，警察这才找到了阳阳。

看着阳阳和爸爸妈妈拥抱在一起，大家都松了一口气。

警察临走时告诉阳阳："小伙子，你现在还小，不管遇到什么事情都不能离家出走，知道吗？今天你很幸运，被车站检查员发现了。你想想，如果注意到你的不是他们，而是别有用心之人或不法分子，现在的你还能和爸爸妈妈在一起吗？"

已经想通了的阳阳认真地说："谢谢叔叔，经过这次的事情，我一定好好改变自己，做一个好孩子，不给国家和社会增添麻烦，将来做一个和您一样为人民服务的人。"大家都对阳阳竖起了大拇指。

孩子犯错后，如果受到我们的指责和教训，心里肯定不舒服。面对错误带来的不良后果，他可能会显得不知所措。当我们对孩子表现出过激的反应时，他便会因为对事物的认知能力不足，认为这是我们不爱他的表现。

在这种心理的驱使下，孩子很容易做出过激行为。我们一定要让孩子明白，无论什么时候，我们都是爱他的。而且，我们要让孩子知道，不管发生什么事情都不要采取过激行为，要为自己和父母负责。

那么，我们应该如何避免孩子发生过激行为呢？

1. 以身作则，好好和孩子沟通。

实施过激行为的决定，一般都是孩子在私下里做出的。也就是说，孩子在遇到问题时没有向我们寻求帮助，而是选择了自己解决问题。

为什么会这样呢？原因就在于孩子觉得，他告诉我们有可能会让自己的处境变得更糟糕，认为我们的反应比事情的最坏结果更恐怖。因此，我们在孩子遇到问题或出错时言行不要过激，要端正自己的态度，温和平缓地跟孩子沟通，不能因为孩子的一个错误就全盘否定孩子。

我们是想让孩子知错就改，不是想让孩子害怕我们。我们要做一个负责的家长，及时发现孩子的异常表现，不要等到问题出现或酿成大祸后再斥责孩子，应防患于未然。

2. 换位思考，让孩子学会表达自己。

我们要学会站在孩子的角度思考问题。当我们理解了孩子，就会找到更适合孩子的教育方式，孩子也更愿意接受我们的教育。

很多时候，孩子被我们批评、责备后不愿表达自己的真实想法。所以，我们要表达对孩子的关心，好好跟孩子说话，让孩子勇敢表达自己，这也有助于建立一种健康、愉快的沟通模式。

这种模式一旦形成，孩子在遇到事情时就会主动告诉我们，这样事态就不会严重到孩子做出过激行为的程度。

3. 增强孩子的承受能力。

遇到困难时，承受能力差的孩子会感觉烦躁、迷茫、绝望。这种情绪会一直困扰他们，致使他们做出过激行为来发泄自己的情绪。所以，我们应该在日常生活中多增强孩子的逆境训练，培养孩子的吃苦精神。

我们可以通过让孩子做家务、跑步、独立完成自己的事情等方式，让孩子体验坚持的快乐和苦尽甘来的滋味。

4. 多陪伴孩子，让孩子有安全感。

孩子情绪激动、反应强烈是缺乏安全感的表现，所以我们应该多抽时间陪伴孩子。平时注意营造家庭气氛，让孩子处于轻松、快乐、和谐的环境里。我们可以陪孩子一起做游戏，在游戏中通过肢体接触、语言互动，让亲子关系升温，让孩子建立安全感。

5. 让孩子学会转移注意力。

面对暂时无法处理的事情时，我们如果一味地钻牛角尖，不但不能快速合理地解决问题，反而会增加问题的严重性。所以，我们不妨让孩子先放下这件事，冷静下来，转移注意力，做一些让自己放松的事情，比如，散步、跑步、听歌、打球、玩游戏。等孩子心情平静下来，我们再跟他一起思考问题，找出解决办法。

6. 让孩子学会尊重生命。

生命是宝贵的，我们要让孩子明白，他们的健康程度决定着家庭的幸福指数。不管发生什么，我们都要爱惜身体，保证自己的人身安全。我们要教育孩子不仅要尊重自己的生命，还要尊重别人的生命。孩子只有明白生命的重要性，才不会轻易做出过激行为。

孩子的生活很单纯，他每天接触的人也比较单纯。他没有见过大风大浪，自然也没有抵抗这些风浪的能力。作为家长，我们一定要保护好他，为他遮风挡雨。孩子的成长要遵循一定的规律，我们不能为了逼迫孩子成长便在孩子遇到困难时雪上加霜，让孩子在面对挫折的同时还要面对我们的冷漠。

我们要时刻谨记过犹不及的道理，坚决不做压垮骆驼的最后一根稻草，任何时候都不要让孩子有绝望的念头和过激的行为。我们要在确保孩子身心健康的前提下，给孩子讲道理、立规矩。

理解父母，最爱你的人永远是父母

很多孩子会有这样的想法：当他们想做某件事的时候，最先鼓励他的是朋友，最先相信他的是陌生人，最先打击他的却是父母。孩子总认为我们不理解他，无论他做什么事，我们都会阻拦。其实，身为家长的我们，很多时候并不是不理解孩子，而是关心他。

我们不希望他碰壁，不希望他走弯路，所以想让他吸取我们的经验和教训。但是因为我们教育的方式不对，我们的好心就变成了孩子心中的不理解。所以，我们要正确表达爱，多跟孩子沟通，想办法让孩子学会理解我们，让孩子明白世界上最爱他的永远都是父母。

青少年时期的孩子由于认知不全面，自我意识强烈，行为方式完全被自己的情感控制，他们认识不到事情的两面性，又不愿接受别人的意见，容易产生脱离父母约束的想法。慢慢地，亲子关系就会变得紧张起来。

如果我们能正确地引导孩子，让孩子了解我们真实的想法，孩子就能理解我们，也更愿意接受我们的意见，从而也能让亲子关系逐渐升温。

正所谓"父母之爱子，则为之计深远"，而很多时候，孩子并不能体会到我们的良苦用心。这时，我们不要粗暴地命令孩子听话，也不要指责孩子不理解自己的苦心，而要耐心地将自己的想法告诉孩子。即便孩子不能完全理解我们，我们仍要坚持做这些对孩子有利的事情，总有一天孩子会恍然大悟，会感激我们的用心良苦，会理解我们曾经对他的严苛。

这或许是一个漫长的过程，但孩子可以从中学到很多，比如，坚持、忍耐、刻苦、有责任心、懂得感恩等。

东子是一个独立、坚强、懂事的孩子，而且学习成绩优异，个性谦和，遇事沉着、冷静，品行端正，是班级里的带头人物。

最近，东子再次被学校评为优秀学生。老师让东子准备一篇演讲稿，在周一举行升旗仪式的时候让他上台发言。

东子放学回家后就开始写稿。他认真地想了想，自己能获得荣誉，取得今天的成绩，要感谢的人很多。

他要感谢老师的谆谆教诲，感谢同学的互帮互助，但是，东子最想感谢的还是自己的父母。如果没有父母的坚持和陪伴，自己是不可能成为大家的榜样的。想着想着，东子陷入了回忆中。

记得小时候，父母对东子的管教很严格。如果东子没做完作业，父母就不允许他出去玩或看电视，他只能在家里学习。

每当听到外面小伙伴们一阵阵的欢笑声或者邻居家电视播放动画片的声音时，他心里都十分羡慕，但他一想到父母毫不留情的样子，只能集中精力继续做作业。

那时候，他心里很委屈，觉得父母是全天下最严厉的"坏人"。但是，随着年龄的增长，学习成绩的进步，他渐渐理解了父母的良苦用心。是父母的"狠心"让他明白了学习的意义，培养了他的自觉性，让他养成了良好的学习习惯。

东子还记起了一件事。在他三年级的时候，爸爸忽然要让他自己去上学。虽然对于现在的他来说，独自上学算不上什么大不了的事情。但对于当时的他来说，独自上学就像是一场大冒险。

尤其第一天，他完全是在忐忑和害怕中跑完了上学的那段路。第二天，他依然害怕，但已经不再那么行色匆匆。第三天，他不再害怕，还欣赏了路途上的美好景色。第四天、第五天，他越来越适应了……再往后，他已经可以轻松地迈出家门，跟遇到的每个熟人打招呼了。

在他的心里，一股成就感和自豪感油然而生，爸爸也用充满赞赏的目光看着他说："我就知道你能行！"那一刻，东子懂得了爸爸的用心，知道了爸爸是希望他能变得独立、坚强、勇敢。

…………

东子想到，这样的事情在他的成长道路上还有很多。他知道该怎样写演讲稿了。

孩子是我们的心头肉，我们愿意为他做任何事情。这就导致现在很多家长变成了孩子的奴隶、仆人。其实我们爱孩子是没有错的，但如果孩子在成长的过程中体会不到我们的辛苦，感受不到我们的付出，对我们没有一颗感恩的心，这对于我们来说是一件很悲哀的事情。所以，我们在爱孩子的同时也要让孩子学会爱我们、理解我们。那么，我们应该如何做呢？

1. 让孩子了解我们。

为了让孩子了解我们的兴趣爱好、工作情况、健康状况、儿时趣事等，我们可以多制造与孩子共处的时光。比如，在吃晚饭时、散步时、上下学时，我们可以跟孩子聊聊当天发生在我们身上的事。

不要回避自己的感受，我们完全可以向孩子表达自己的累和辛苦，让孩子了解不同状态时的我们，让他们知道我们不是无所不能的，而是像他们一样，会笑、会哭、会烦恼。

我们还可以向孩子讲一些我们儿时的趣事，让孩子从中找到共鸣，也可以让孩子做做家务，让他感受家务活儿的零碎烦琐，从而更深地体会我们的艰辛。我们还可以告诉孩子，我们的忙和累是想让孩子拥有更好的生活，是爱他们的表现，但是千万不要说得过于煽情，不要让孩子有负疚感。

2. 让孩子感受到我们的爱。

我们中国人比较内敛，在表达情感方面，自古就比较含蓄。在教育孩子的过程中，我们不妨抛开含蓄，多向孩子说"我爱你"。最有效、最直接的表达爱的方式，莫过于对孩子说一句"我爱你"。

我们还可以用拥抱表达爱，不管在何时何地，不管对男孩、女孩，一个适时地拥抱就可以让孩子感受到温暖和力量，从而变得更自信和坚强。让孩子在爱中长大，更有助于他们养成健全的心理和优良的道德品质。我们经常向孩子表达爱，孩子也就能学会向我们表达爱。

3. 让孩子学会独立。

人总要学会独立，就算我们再爱孩子，也不能永远陪在孩子身边。所以，我们必须让孩子学会独立。这样，当我们渐渐老去的时候，不能陪伴和照顾孩子的时候，孩子可以自己照顾自己，不会因为不独立而手足无措。平时，孩子自己可以做的事情，我们就不要帮忙。

无限的包办只会让孩子产生依赖心理，会让孩子认为父母为自己做什么都是应该的。我们要让孩子明白想要什么要靠自己去争取，而不是伸手向别人要，哪怕是父母也不行。只有靠自己的努力获取的东西才更有意义。

4. 让孩子学会关爱他人。

我们可以潜移默化地影响孩子，多给孩子做榜样，多提醒孩子要有仁爱之心，让孩子多参与家庭事务和学校的集体活动，让孩子在其中多做一些力所能及的事情。

我们要充分发挥带头作用，多把言传转化为身教。我们对周围人表现出的热情、给予的关心和帮助等，孩子都会观察并学习到，从而慢慢养成关爱他人的良好品质。

另外，我们还要让孩子懂得换位思考，多站在别人的角度思考问题，遇事不斤斤计较，不得理不饶人。

5. 让孩子懂得感恩。

感恩是一种积极地对待生活的态度，是让自己获得幸福的基础，也是获得成功的重要前提。我们要从小培养孩子的感恩意识，可以从生活中的小事着手，让孩子懂得感恩辛勤的农民，感恩为我们带来稳定、安全的生活秩序的人，感恩向我们传授知识的人……懂得感恩的孩子才更懂得理解别人。

6. 让孩子懂得亲情。

家庭是孩子感受温暖的第一个地方，亲情是孩子体验到的第一种感情。因此，培养孩子的家庭意识是很重要的。我们不妨让孩子多看一些亲情题材的电影，让孩子从中感受"家是避风的港湾"这句话的意义。

我们还可以让孩子了解家族的历史、姓氏的来源等，给孩子讲一些家族中德高望重的人的故事，让孩子感受家庭的伟大，感受老一代人的艰辛，感受家人对自己的期许。很多孩子在为家族自豪的同时会树立起远大的理想。所以，亲情是孩子最好的精神营养。

为了给孩子更舒适、更优越的生活条件，我们每天努力工作；为了让孩子吃上营养早餐，我们再困也要早早地起床；为了孩子的快乐成长，我们辛苦工作五天后，依然要在周末陪孩子郊游；为了孩子的健康成长，我们要想方设法地学习如何做一个合格的家长……

然而，我们总是默默地付出，很少告诉孩子我们也是第一次做父母，我们也希望被理解。

也许孩子现在还小，对很多事情还不能理解，但只要我们正确地引导，给孩子树立一个正确的、积极的人生观，孩子总有一天会明白我们的一片苦心。